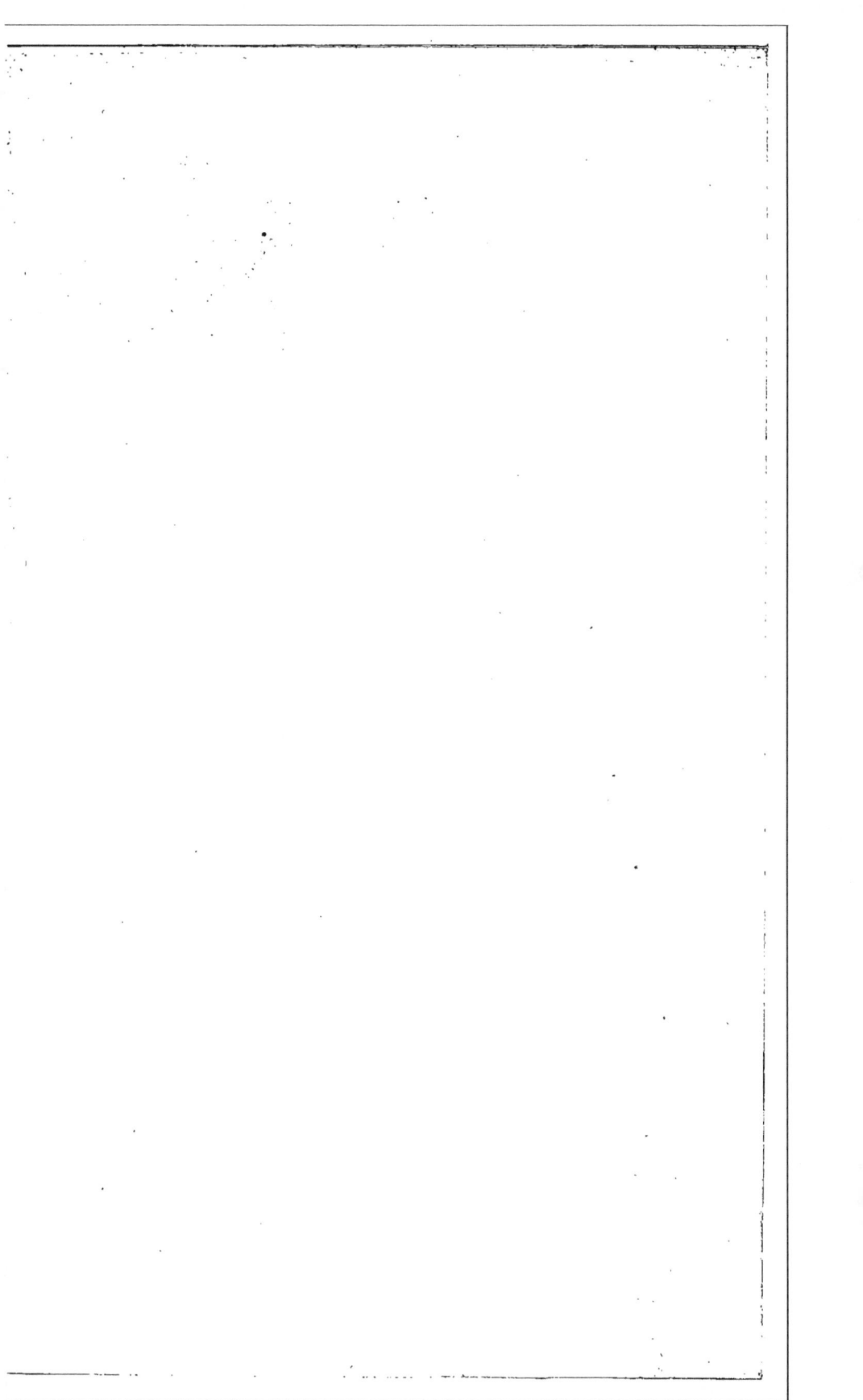

25165

DE LA MUSCARDINE.

SOCIÉTÉ IMPÉRIALE ET CENTRALE
D'AGRICULTURE.

DE
LA MUSCARDINE

ET

DES MOYENS

D'EN PRÉVENIR LES RAVAGES DANS LES MAGNANERIES,

PAR M. CICCONE, D. M.

> C'est un grand acheminement que de connaître la nature de l'être qui cause la maladie, la manière dont il se propage et se développe, et, si l'on n'est pas arrivé à un résultat qu'on espère, ce n'est pas une raison pour qu'on abandonne des études qui ont déjà fait faire un chemin si considérable.
>
> DUMAS.

PARIS,
IMPRIMERIE ET LIBRAIRIE D'AGRICULTURE ET D'HORTICULTURE
DE Mme Ve BOUCHARD-HUZARD,
RUE DE L'ÉPERON, 5.
—
1858

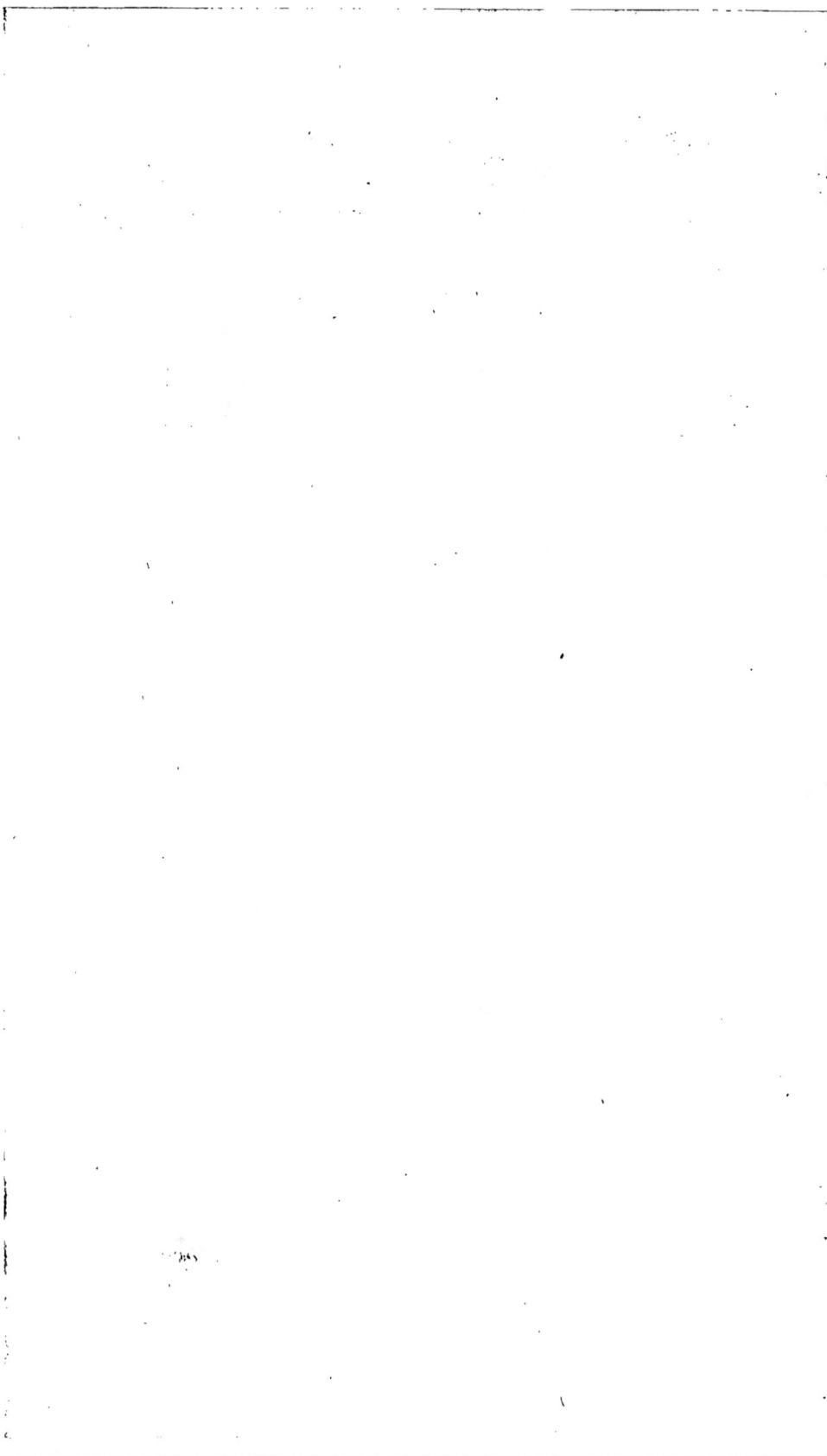

DE LA MUSCARDINE

ET

DES MOYENS

D'EN PRÉVENIR LES RAVAGES DANS LES MAGNANERIES,

PAR M. CICCONE, D. M.

ESSAI

HISTORIQUE, THÉORIQUE ET PRATIQUE.

EXTRAIT DES MÉMOIRES DE LA SOCIÉTÉ IMPÉRIALE ET CENTRALE
D'AGRICULTURE. — ANNÉE 1857.

PRÉFACE.

Cet essai a été composé en réponse au programme de la Société impériale et centrale d'agriculture. Il est divisé en deux parties : l'une, historique ; l'autre, théorique et pratique.

Dans les recherches historiques, il m'a été impossible de déterminer l'époque de la première apparition de la muscardine dans les magnaneries de l'Europe ; il m'aurait fallu un grand nombre de livres que je n'ai pas eu les moyens de me procurer, de quelque manière que ce fût.

Dans la partie théorique et pratique, je me suis peut-être trop étendu sur les questions théoriques de la maladie : c'était, à mon avis, une nécessité, parce qu'il n'est pas possible de bien traiter une maladie, si on ne l'a pas bien connue d'avance. J'ai cherché surtout à bien constater la nature nosographique, anatomique et étiologique de la muscardine, parce que c'est sur ces bases qu'il fallait appuyer son traitement. Dans le traitement, je me suis attaché à trouver les moyens de prévenir les retours des épidémies muscardiniques dans les magnaneries. Je savais toutes les difficultés en face desquelles j'allais me placer, et je ne me suis pas arrêté; c'est que je me suis fait courage, en considérant quel immense avantage en retirerait l'industrie de la soie, si l'on pouvait réussir à détruire les foyers d'infection muscardinique ; car, d'après les calculs de M. Robinet, c'est une somme de 20 à 30 millions par an perdue pour les magnaneries à cause de la muscardine. Et pourquoi ne pourrait-on pas y réussir? Le programme même de la Société prouve que les savants dont elle se compose n'en désespèrent pas.

Toutes les fois que j'ai eu à combattre des obstacles et des difficultés, je ne les ai pas tournés, je les ai attaqués de front : bien souvent j'ai échoué, et j'ai franchement avoué mon insuccès; quelquefois je suis parvenu à les vaincre. C'est peut-être une illusion d'amour-propre d'auteur; mais il peut-être aussi que ce soient des faits nouveaux acquis à la science : c'est aux savants à en juger. Mon devoir, c'est d'exposer les choses telles que je les ai vues; mon droit, de les juger selon ma manière de voir.

J'ai fait un grand nombre d'observations et d'expériences. Je n'ai pas cru nécessaire de les présenter en détail l'une après l'autre, c'eût été trop long; j'ai jugé suffisant d'en donner les résultats et les conclusions. Cependant, afin qu'on puisse apprécier ces résultats et ces conclusions, quoique dans quelques endroits de ce travail j'aie indiqué les détails du procédé que j'ai suivi dans certaines expériences, je crois nécessaire d'exposer les principes qui m'ont guidé et les moyens que j'ai employés dans le plus grand nombre des cas.

D'abord il me fallait avoir des vers muscardinés d'après nature, c'est-à-dire des vers auxquels la muscardine se fût communiquée d'une manière très-analogue à celle de l'infection naturelle. Ainsi j'ai toujours écarté l'inoculation; j'ai suivi la méthode du contact. J'ai maintenu des vers muscardinés entremêlés aux vers sains; quelquefois j'ai secoué la poussière des vers muscardinés sur la feuille que je leur donnais à manger. Toutes mes observations nosographiques et anatomico-pathologiques ont été faites sur des vers muscardinés par cette méthode.

Le suc nourricier du botrytis, dont je me suis servi habituellement dans mes recherches, a été l'eau sucrée, qui, dans mes essais sur les substances dans lesquelles germent et se développent les sporules botrytiques, m'a donné constamment les meilleurs résultats; mais, selon le but que je me proposais, je suivais deux procédés différents.

Quand je voulais étudier les caractères botaniques du botrytis, je plaçais un peu de poussière muscardinique sur un verre à microscope; j'y versais une ou deux gouttes d'eau sucrée, et en frottant un verre sur un autre je l'étendais sur leurs surfaces; puis je détachais les verres, je les plaçais dans un lieu humide, et j'attendais le développement du champignon: il avait alors toute la liberté de sa végétation.

Mais, quand il me fallait examiner, si les sporules que j'avais tâché de détruire par l'action d'une substance quelconque avaient été réellement détruites, je préférais de faire germer et se développer les sporules entre deux verres; ainsi j'évitais la chance que des sporules nouvelles se fussent déposées sur la surface découverte du verre.

Quand il s'est agi d'essayer le pouvoir d'une substance contre la vitalité des sporules, j'ai toujours cherché à les mettre dans les conditions les plus favorables à son action, sans me soucier si ces conditions pouvaient s'obtenir dans l'application pratique aux magnaneries. Je cherchais le remède, sauf à chercher après de quelle manière il faudrait l'appliquer.

Pour éviter le doute que la substance n'eût détruit ce qui n'y était pas, il fallait m'assurer que les sporules soumises à l'essai ne manquaient pas de leur puissance germinative. Ainsi, je n'ai jamais négligé de m'en assurer : je détachais une partie de la poussière muscardinique destinée aux essais, et je la plaçais dans les mêmes conditions dans lesquelles j'avais placé l'autre partie, que j'avais soumise à l'action des substances dont je voulais essayer le pouvoir.

Je crois que ces déclarations suffisent ; d'autres détails se trouveront dans le cours même de cet essai. Si on lui fait l'honneur de le soumettre à la critique des juges compétents, j'invoque leur sévérité pour tout ce qui regarde la théorie et la pratique de la muscardine, parce qu'il s'agit des intérêts de la plus précieuse de nos industries ; mais je demande un peu d'indulgence pour les recherches historiques que, faute de moyens, je n'ai pu compléter, et bien plus encore pour le mauvais français, parce que j'ai écrit dans une langue qui n'est pas la mienne.

BIBLIOGRAPHIE DE LA MUSCARDINE.

———◆◇◆———

1. Marchese Annibale Guasco. — Versi rimati su la coltura de' filugelli. Alessandria, **1570.**

2. A. Vallisneri. — Opere fisico-mediche. Venezia, **1733.**

3. Bibiena. —Spicilegium de Bombyce, dans le T. I, P. I, Comm. dell' Istit. di Bologna.

4. Boissier de Sauvages. — Projet d'un ouvrage sur la manière d'élever les vers à soie, contenant l'*Essai* sur les maladies de ces vers appelés les *jaunes* et les *muscardins*, et des recherches sur la cause qui produit les muscardins; lu à l'assemblée publique de l'Académie des sciences de Montpellier en **1749.** Montpellier, **1749.**

5. Id. — Mémoires sur l'éducation des vers à soie. Nîmes, **1763.**

6. Pomier.—Traité de la culture des Mûriers. La manière d'élever les vers à soie et l'usage qu'on doit faire des cocons. **1763.**

7. Pr. Troili. — Lettera su l'indurimento de' bachi da seta. Modena, **1770.**

8. Dubet. — La mûrométrie; instructions nouvelles pour les vers à soie. Lausanne, **1770.**

9. Grisellini. — Il setificio; memorie dodici. Verona, **1783.**

10. Aymar. — Notes sur l'éducation des vers à soie. Valence, **17....**

11. Nysten. — Recherches sur les maladies des vers à soie. Paris, **1808.**

12. Dandolo. — Dell' arte di governare i bachi da seta per trarre costantemente da una data quantita di foglie la maggior copia d'ottim bozzoli e dell' influenza sull' aumento annuo di ricchezza. Milano, **1815.**

13. Id. — Il buon governo de' bachi da seta dimostrato col giornale della bigattiera. Milano, **1816.**

14. Id. — Storia de' bachi da seta governati col nuovo metodo. Milano, **1817.**

2

15. Vincent de Saint-Laurent. — Nouveau cours complet d'agriculture. 1818.

16. De Capitani. — Osservazioni sulla malattia de' bachi da seta chiamata il segno o calcinaccio. Milano, 1818.

17. Fontana. — Saggio sopra le malattie del baco da seta. Milano, 1819.

18. Petazzi. — Nuovo methodo per distogliere il segno ne' bachi da seta. Milano, 1819.

19. Foscarini. — Biblioteca italiana T. XXII. Milano, 1821.

20. Raynaud. — Des vers à soie, de leur éducation selon la pratique des Cévennes. 1824.

21. Pitaro. — La science de la sétifère ou l'art de produire la soie, etc. 1828.

22. Boitard. — De la culture du Mûrier et de l'éducation des vers à soie. Paris, 1828.

23. G. Costa. — Memoria sulle malattie ordinarie de' bachi da seta nel T. III degli atti dell' Accademia d'Incoraggiamento di Napoli. 1828.

24. Bassi. — Bachi da seta. Malattie de' medesimi. Altri oggetti relativi alla loro educazione. Milano, 1829.

25. Bonafous. — De l'emploi du chlorure de chaux pour purifier l'air des ateliers de vers à soie, 1829.

26. Anonimo. — Della maniera di arrestare o togliere la calcinazione ne' bachi da seta, così detta a' nostri giorni la malattia del segno. Milano, 1829.

27. A. Bassi. — Del mal del segno, calcinaccio o moscardino, e altre malattie del baco da seta, e sul modo de liberar le bigattaje anche le piu infestate. — Lodi. Parte teorica. 1835. — Parte pratica. 1836. — Appendice. 1837.

28. Id. — Memoria in addizione alle de lui opere sul calcino. Milano, 1837.

29. Id. — Prima istruzione per evitare il mal del calcino ne' filugelli. Milano, 1839.

30. Id. — Il vero e l' utile pel maggior bene de' coltivatori e de' proprietarii di gelsi e bachi da seta....., 1845.

31. Id. — Studii sul calcino de' bachi da seta....., 1848.

32. Id. — Il fatto parlante all' autore sul modo di ben governare i bachi da seta, etc. Lodi, 1850.

33. Id. — Il miglior governo de' bachi da seta ed il miglior modo de' prevenire il calcino o di diminuire sempre piu il danno che questo terribil morbo apporta agl' individui e agli Stati, etc. Lodi, 1851.

34. Id. — Della piu utile coltivazione de' bachi, e del miglior modo di diminuire in generale il danno che arreca il mal del segno. Lodi, 1851.

35. Id. — Della conservazione, sviluppo, successivo incremento, riproduzione e distruzione de' germi degli esseri organici in generale vegetali ed animali, e principalmente di quelli du sviluppansi nell' interno ed alla superficie di altri esseri pure organici, viventi, animali e vegetali, nutrendosi degli umori di questi, detti perciò parassiti i quali sono i veri riproduttori di ogni specie di morbo contagioso. Lodi, 1851.

36. Calderini, C. A. — Del mal del segno, calcinaccio o moscardino, nel Ricoglitore italiano e straniero. Milano, 1835.

37. Balsamo Crivelli, G.—Gazzetta di Milano, 17 giugno e 27 luglio 1835.

38. Id. — Biblioteca italiana T. 79 — 1836 e T. — 90. 1838.

39. Lomeni, J.—Del calcino e del negrone. Memorie cinque. Milano, 1835.

40. Id. — Del calcino. Milano, 1836.

41. Id. — L'innocuità e l' efficacia di lissivie medicinali proposti dal Dr. Agostino Bassi per cura del mal del segno. Milano, 1836.

42. Id. — Osservazioni sulle sperienze del Dr. Angelo Cominzoni, dirette a conoscere l'efficacia del metodo del Dr. Bassi per prevenire e curare la malattia del calcino. Milano, 1838.

43. Cominzoni, A. — Esperienze dirette a conoscere l'efficacia de' due metodi, profilattico e curativo, proposti dal Dr. A. Bassi per curare e prevenire la malattia del calcino ne' bachi da seta. 1836.

44. Id. — Confutazione delle osservazioni pubblicate dal Dr. J. Lomeni contro le esperienze di lui su' metodi, profilattico e curativo, per prevenire e curare la malattia del calcino ne' bachi da seta. Verona, 1838.

45. Audouin. — De la muscardine. Recherches anatomiques et physiologiques sur cette maladie. Annales des sciences naturelles. 1837.

46. Montagne. — Observations et expériences sur un Champignon entomoctone, ou histoire botanique de la muscardine. Mémoire lu devant l'Académie des sciences de l'Institut dans la séance du 18 août 1836, publié dans les Annales de la Société séricicole en 1847.

47. Bérard. — Bulletin de la Société d'agriculture dans le département de l'Hérault. 1837.

48. D'Arbalestier. — Bulletin des travaux de la Société départementale de la Drôme. 1837.

49. Puvis. — Lettres sur l'industrie de la soie. 1838.

50. Couvry Rolard. — Exposé des diverses expériences faites sur la muscardine. 1838.

51. De Soresina Vidoni. — Genesi del calcino. Cremona, 1839.

52. M. G. — Memorie ed osservazioni sulla vera causa della malattia e sviluppo del calcino ne' bachi da seta. Verona. 1839.

53. Johannis. — De la muscardine et des moyens, etc. Ann. des scienc. nat. 1839.

54. Am. Carrier. — Propagateur de l'industrie de la soie. 1841.

55. Buccellati, A.—Infallibile mezzo onde guarentire i bachi da seta contro il calcino. Milano, 1842.

56. Robinet. — La muscardine : des causes de cette maladie et des moyens d'en préserver les vers à soie. Paris, 1843.

57. Saccardo. — Il calcino o mal del segno ne' bachi da seta non è contagioso ; scoperta e dimostrazione delle cause onde deriva, etc. Padova, 1845.

58. Id. — Sunto del ragionamento in appendice all' opera sulla scoperta delle cause del calcino ne' bachi da seta. Padova, 1846.

59. Banfi, G. — Il Bombice del Moro. Pavia, 1845.

60. Magrini.—Sulla razionalità di alcuni mezzi impiegati a preservare dal calcino i bachi da seta. Milano, 1846.

61. Anonimo.—Studio degl' italiani sul calcino. Padova, 1847.

62. J. B. Robert. — Recherches sur la muscardine. Ann. séric., 1847.

63. Duboin. — Propagateur de l'industrie de la soie. 1842.

64. Eugène Robert. — Propagateur de l'industrie de la soie. 1842.

65. Guérin-Méneville et Eugène Robert. — Études sur la muscarcardine. Marseille, 1848.

66. Id. — Guide de l'éleveur de vers à soie. Paris, 1856.

67. — Guérin-Méneville. — Observations sur la composition intime du sang chez les insectes et surtout chez les vers à soie en santé et en maladie. Rev. zool., 1849.

68. Id. — Expériences sur la muscardine. Ann. de la Soc. séric., 1850. Paris, 1851.

69. Grassi. — Sul calcino o mal del segno ne' bachi da seta. Milano, 1850.

70. Id. — Norme e prospetto di applicazioni pratiche ad uso del popolo della campagna, in aggiunta alla sua memoria sul calcino. Milano, 1850.

71. Id. — Appendice apologetica alla sua memoria sul calcino ne' bachi da seta. Milano, 1851.

72. Bellani. — Esame critico della memoria di G. Grassi sul calcino o mal del segno ne' bachi da seta. 1850.

73. Grisi, B. — Osservazioni sulla memoria sul calcino del signor Grassi. Milano, 1850.

74. Longoni, A. — Osservazioni sopra nuovi fatti e nuove teorie dello stato morboso del baco da seta, detto vulgarmente il mal del segno o calcino. Monza, 1850.

75. Id. — I semi della botryte Bassiana produttori e propagatori del o calcino. Monza, 1850.

76. Ripamonti. — Il calcino allontanato de' bachi da seta ritrovato ed esperimentato con felice successo per 14 anni da R. E. Como, 1850.

77. Faucillon. — Pathologie des vers à soie. 1850.

78. Balsamo-Crivelli, M. — Su' bachi da seta nel 1851, proposta onde instituire delle sperienze intorno al modo di curare il calcino o di prevenirlo. 1851.

79. Id. — Modo di preservare i bachi da seta dalle principali malattie, e particolarmente dal calcino. Milano, 1853.

80. Bonetti. — Sul modo di distinguere i semi del calcino ne' bachi da seta e prevenirne lo sviluppo. Opuscolo, 4 maggio 1851.

81. Comotti Angiola. — Istruzioni per preservare i bachi da seta dal calcino o mal del segno. Milano, 1851.

82. Longoni, G. — Sulla vera ed unica origine del calcino ne' bachi da seta, osservazioni e sperienze. Monza, 1851.

83. Vassalli, G. P. — Nuove ozzervazioni sul calcino. Opuscolo, 15 giugno 1851.

84. Venturi, A. — Sullo sviluppo della botrytis Bassiana e altri miceti. 1851.

85. Vittadini, E. — Risultato di alcuni sperimenti istituiti sul baco da seta e sopra altri insetti, allo scopo di chiarire la vera natura del calcino. Milano, 1851.

86. Id. — Della natura del calcino o mal del segno. Milano, 1852.

87. Id. — De mezzi di prevenire il calcino o mal del segno. Milano, 1853.

88. Annoni, L. — Osservazioni sul calcino ne' bachi da seta. Milano, 1852.

89. Bassi, C. — Rapporto della commissione e della camera di commercio sul giudizio intorno alla scoperta del Grassi. Eco della Borsa. 1852.

90. Brenta, L. — Scoperta del come abbri avuto origine sino ad ora nella coltivazione de' filugelli, la malattia del calcino o mal de segno. Milano, 1852.

91. Targioni Tozzetti, A. — Sulle malattie de' bachi da seta, memoria letta all' Accademia de' Georgofili.

92. Lambruschini, R. — Rapporto intorno agli studii del signor

Guérin-Méneville sul calcino : nel vol. XXX degli atti dell' Accad. de' Georgofili.

93. Id. — Su' bachi da seta male affetti pel cosi detto calcino. Firenze, 1852.

94. Id. — Del modo di custodire i bachi da seta. Firenze, 1854.

95. Ciccone, A. — Della coltivazione del gelso e del governo del filugello. Torino, 1854.

96. Id. — Sur les symptômes, le diagnostic, l'anatomie pathologique et la méthode préservatrice des épidémies de muscardine. Comptes rendus des séances de l'Académie des sciences, 13 novembre 1855.

97. Cobelli Bortolo. — Della vera causa efficiente la malattia del calcino ne' bachi da seta. Milano, 1855.

98. Lambertenghi. — Sul calcino e sopra un' altra malattia del baco da seta. Gaz. Uf. di Milano, 18 agosto 1851, 25 aprile 1852 e 25 aprile 1856.

99. Cornalia. — Monografia del bombice del gelso. Milano, 1856.

Dans le plus grand nombre des traités sur l'éducation des vers à soie, on trouve quelques mots sur la muscardine ; dans bien des journaux agricoles et autres, on trouve aussi des articles sur la muscardine. Nous en avons signalé quelques-uns ; mais c'eût été une œuvre très-longue, très-ennuyeuse, et peut-être même très-inutile de les noter tous.

PREMIÈRE PARTIE.

ESSAI HISTORIQUE SUR LA MUSCARDINE.

Quand on cherche l'origine des êtres organisés, on finit ordinairement par tomber dans l'une de ces deux hypothèses, la génération spontanée, la création primitive ; c'est ce qu'on peut voir dans un grand nombre de travaux sur l'origine de la muscardine.

Lorsqu'on voit des êtres microscopiques qui se développent sur des substances organiques en décomposition sans qu'on puisse pénétrer d'où ils sont venus, et qu'on réfléchit à la simplicité de leur organisation, qui pourrait être une simple transformation d'autres éléments organiques privés de vie, il n'est pas difficile d'être entraîné à en admettre la génération spontanée ; car enfin il n'est pas impossible que, dans le jeu des affinités chimiques qui, dans les corps organisés privés de vie, prennent la place des lois vitales, il survienne de nouvelles compositions, qui, en se réorganisant d'une manière différente, donnent naissance à des êtres nouveaux. On élude ainsi la question indiscrète : Comment cet être s'est-il montré la première fois sur la terre? C'est le parti adopté par MM. Turpin, Robinet, Guérin-Méneville et autres.

Mais l'hypothèse de la génération spontanée ne résout pas, elle recule seulement la question. On pourrait faire la même demande pour tous les animaux et pour l'homme lui-même, et on serait contraint d'admettre que l'homme aussi est né la première fois sur la terre comme un champignon. Alors on a pris une autre voie, qui est aussi facile que la première, on a eu recours à la création primitive. C'est saint Augustin qui a frayé la route, appuyé de l'Écriture sainte ; il dit que

Dieu a fait ensemble toutes les créatures et n'en crée jamais de nouvelles, et, se reposant et travaillant en même temps, il opère en mouvant et en gouvernant d'un acte *administratoire* (1). C'est à ce système qu'on peut rapporter les hypothèses de M. Charrel et de M. Bassi.

Mais ce langage est trop obscur et trop mystique pour être accepté en histoire naturelle. Nous pouvons avouer notre ignorance sur l'origine primitive des êtres, nous pouvons même croire qu'il est impossible de la découvrir, et cependant rien ne nous empêche de rechercher l'origine des êtres dans le temps, et même de nos temps. Ainsi, dans cet essai de recherches historiques sur la muscardine, je mets de côté l'hypothèse gratuite de la génération spontanée et l'hypothèse mystique de la création primitive, et je me renferme tout simplement dans les documents historiques qui font une allusion obscure ou une mention explicite de cette maladie.

Je divise l'histoire de la muscardine en trois époques : la première, depuis son apparition jusqu'à M. Nysten; la deuxième, de M. Nysten à M. Bassi; la troisième, de M. Bassi jusqu'à nos jours.

PREMIÈRE ÉPOQUE.

De la première apparition de la muscardine jusqu'à Nysten, en 1808.

AUTEURS CHINOIS. D'après la traduction que M. Stanislas Julien nous a donnée des livres chinois sur le Mûrier et le ver à soie (2), on ne peut douter que la muscardine ne fasse des ravages dans les magnaneries chinoises; en voici quel-

---

(1) Unde nullam ulterius creaturam instituens, sed ea, quæ omnia simul fecit, administratorio actu gubernans et movens sine cessatione operatur, simul requiescens et operans. S. August. de Genesi, lib. V, cap. ult.

(2) *Résumé des principaux traités chinois sur la culture du Mûrier et sur l'éducation des vers à soie.* Paris, 1857.

ques passages. « Si l'air ne circule pas librement dans l'atelier et que vous ouvriez tout à coup la porte, un vent funeste peut s'y glisser à notre insu, et, dans la suite, un grand nombre de vers à soie deviennent *rouges* et meurent (page 136). » « Il y a des vers à soie qui *blanchissent* et meurent : cela vient de ce que, dans les premiers jours de leur naissance, ils ont été incommodés par des exhalaisons humides (page 137). » « On distingue six maladies des vers à soie dans la coconnière : 1° lorsque les vers à soie salissent la coconnière ; 2° lorsque les vers à soie tombent dans la coconnière ; 3° lorsqu'ils se promènent sans travailler ; 4° lorsqu'ils se changent en chrysalide rouge ; 5° lorsqu'ils *blanchissent* et meurent ; 6° lorsqu'ils deviennent noirs (page 148). » Ce n'est pas une description exacte de la muscardine, mais c'est une indication sûre et incontestable.

Le livre dont M. Julien a extrait les traités de la culture du Mûrier et de l'indication des vers à soie a pour titre King-ting-cheou-chi-thong-khao, ou examen général de l'agriculture, rédigé par ordre de l'empereur. Il date de 1739, mais il est bien naturel de supposer que la maladie est bien plus ancienne.

A. Guasco. C'est seulement en France et en Italie qu'il m'est permis de chercher la première apparition de la muscardine, parce que je n'ai pas les moyens de la chercher ailleurs. Avant 1570, je n'ai pu trouver aucune mention, pas même une allusion à cette maladie ; mais je n'ose pas affirmer que personne n'en a parlé, et moins encore que la maladie n'existait pas ; ce que je dis, c'est que, dans le petit nombre d'auteurs qui ont écrit avant ce temps-là, il n'y a pas la moindre allusion à la muscardine. En 1570, M. le marquis Annibal Guasco publia un petit poëme, où l'on trouve des vers qui se rapportent probablement à la muscardine. En voici la traduction : « Une brebis infecte a la puissance d'empester tout le troupeau, selon le proverbe : Il n'y a rien qui puisse compromettre la santé de toute la chambrée plus que le cadavre du ver : ainsi il faut se hâter de l'éloigner si l'on ne veut que tout le troupeau en soit infecté (1). » Ce cadavre, qui infecte toute une chambrée de vers, ne peut être que le cadavre d'un ver muscardiné.

A. VALLISNERI. Il faut encore traverser un siècle et demi pour arriver à un des plus célèbres naturalistes de son époque, Antoine Vallisneri. « Dans un village du territoire de Vienne, dit-il, un paysan élevait, selon la coutume, des vers à soie ; mais quand ils étaient tout prêts à travailler leur cocon, frappés par le souffle d'un léger vent septentrional, presque tous durcirent de telle manière qu'ils paraissaient pétrifiés : leurs humeurs s'étaient coagulées sous la forme d'un plâtre blanc et friable ; ils étaient restés sous formes différentes : quelques-uns avaient commencé leur travail, d'autres l'avaient presque accompli, d'autres enfin l'avaient complétement perfectionné. Cet étrange accident fut bientôt connu : le pauvre paysan, se voyant trompé dans ses espérances, déplorait son malheur et sa perte ; lorsqu'un ermite astucieux, qui demandait l'aumône, se fit donner par ce paysan tous ces vers ; il inventa bientôt une petite histoire, et, donnant le fait comme un miracle, il vendait à ces bons et crédules chrétiens un demi-ducat et jusqu'à un ducat chacun de ces vers durcis, comme une relique et comme un véritable témoignage parlant d'un grand miracle opéré par saint Antoine pour châtier ce qu'il appelait l'*impiété* du malheureux paysan. Il disait que ce paysan était allé cueillir la feuille le jour de saint Antoine ; et, à l'admonition de son

---

(1)   ..... Pecorella morbosa
Ha forza di guastar tutto l'ovile,
Per proverbio fondato in vero stile.
    Però non sarà cosa
Che tanto piu ti faccia venir meno
Il gregge bombiceno
Che il cadavere in esso, il qual t'affretta
Di levar, se non, vuoi la greggia infetta.
Versi rimati su la cultura de' filugelli. Alessandria, 1570.

compère, il répondit qu'il voulait travailler, parce que le saint ne se souciait pas de donner de quoi manger ni à lui ni à sa famille. A peine, continuait l'ermite, répandit-il la feuille cueillie sur les vers pour les nourrir, à l'instant même les vers se pétrifièrent, et il resta convaincu et châtié de son avarice et de sa témérité (1). » Ces reliques, témoignage du miracle, furent présentées à Vallisneri par les paysans qui les avaient achetées de l'ermite : et il leur montra « d'autres vers parfaitement semblables, comme un œuf à un autre, qu'un de ses amis lui avait envoyés il y avait déjà plusieurs années. » Il ajoute encore qu'une comtesse lui avait assuré que cette maladie était très-commune dans quelques villages du Milanais. D'où l'on peut conclure que la muscardine, mentionnée clairement par Vallisneri, était très-rare dans les environs de Vienne, mais assez commune dans ceux de Milan : ici donc elle devait être bien plus ancienne.

Vallisneri donne aussi sa théorie de la muscardine. Il avait reçu des vers muscardinés par le docteur Sancassini, qui, lui-même, les tenait du docteur Arisi. Vallisneri leur adressa plusieurs questions pour avoir connaissance des conditions dans lesquelles la maladie s'était développée ; il fit des observations microscopiques et des essais chimiques ; et, après ces recherches, voici comment il se rend compte de la production de la maladie ; il commence par rappeler que les vers à soie ont, au temps des mues, une humeur très-concrescible sous la membrane extérieure des téguments, si bien décrite par Malpighi (2). « Puisque donc il y a ce suc si facile à se coaguler au-dessous et au dedans de cette dernière écorce qui enveloppe les parties, qui est destiné par la nature à démontrer par sa propre concrétion la solidité des parties qu'il contient, il n'est pas étonnant que, trop cuit et condensé par le soleil

---

(1) Opere fisico-mediche ; lettera a Gaston Giuseppe Giorgi, scritta da Milano a di 16 ottobre 1725. T. I°, p. 357.
(2) Cinereus quidam turbidusque ichor... qui propria concretione contentarum partium soliditatem una cum ipsarum natura manifestat.

ou par la chaleur de la chambre, il durcisse avant le temps, et, au lieu de donner la solidité aux parties, il se la donne à soi-même, lorsque surtout il est surpris par un courant d'air froid ou d'air imprégné de quelque sel coagulatif (1). » Et il s'appuie sur l'observation que la croûte muscardinique est tout à fait extérieure, qu'elle ne dépasse pas les téguments : « Tous les viscères du ver sont seulement desséchés ; et cette matière gypseuse ne se rencontre que sur la peau, et on peu facilement l'ôter et la racler avec un petit couteau ou même avec l'ongle (2). » C'est une théorie comme une autre.

SAUVAGES. Après Vallisneri, on trouve des renseignements et des détails sur la muscardine dans Bibiena, Troili, Grisellini et quelques autres. En France, il paraît que la première notion sur la muscardine se rencontre dans les mémoires de Sauvages, qui la regarde comme une maladie récente. « Des auteurs, dit-il, ne parlent point de la muscardine, et je n'ai point de peine à croire qu'elle fût inconnue autrefois dans nos ateliers, comme je l'ai entendu dire à un vieux magnanier qui avait vécu vers le milieu du dernier siècle ; cependant ce vieillard prétendait qu'elle avait été apportée en France avec un envoi de graines venues du Piémont (3). » Mais Sauvages, qui ne la croyait pas contagieuse, la fait dériver d'un changement dans les méthodes d'éducation. « On avait, il y a quatre-vingts ans, peu de feuilles de Mûrier, et l'on faisait de petites éducations dans de grands appartements : peut-être aussi y allait-on plus bonnement que nous et qu'on ne s'était pas avisé de boucher les portes, les fenêtres et toute communication avec l'air extérieur. Aujourd'hui, au contraire, que les Mûriers se sont multipliés, on fait de grandes éducations dans des appartements très-petits en proportion : on met des tables de vers à la montée

---

(1) Opere fisico-mediche, t. III, page 135.
(2) Ibid.
(3) Mémoires sur l'éducation des vers à soie. Nimes, 1763, tome II, page 75.

jusqu'au toit ou au plancher, et l'on bouche tout. Fait-il froid, on fait du feu sans laisser des issues à l'air échauffé et aux vapeurs qui s'élèvent. C'est un moyen sûr d'inventer, si j'ose le dire, la muscardine ou de la produire là où elle n'avait jamais existé (page 75). »

Il a donné aussi sa théorie de la muscardine. « On pourrait me demander quelle sorte d'altération cette chaleur humide, étouffée et probablement mêlée d'exhalaisons, produit sur les vers qui deviennent muscardins. Il serait, je crois, difficile de le déterminer bien au juste : je sais seulement que, ayant eu la curiosité de goûter du bout de la langue l'humeur d'un muscardin que j'avais coupé en deux et qui commençait à durcir, j'y trouvai une forte acidité, d'où je soupçonnerais que la température dont j'ai parlé ci-dessus pourrait faire développer dans le corps de l'animal cet acide qu'on n'y sent point dans l'état de santé, lequel aigrit et coagule des humeurs, et empêche que les chairs ne tombent en pourriture ou une bouillie noire, comme il arrive au gras, aux jaunes et à d'autres sortes de maladies (page 78). » Ayant reconnu dans les touffes la cause principale de la muscardine, tous les moyens qu'il propose pour la prévenir ont pour objet de détruire les effets de cet état de l'atmosphère. « Le feu, dit-il, sagement administré, est le meilleur remède à opposer à la touffe et à la muscardine, quelque chaleur qu'il fasse; mais il devient pire que le mal, si on l'applique dans un appartement bas et bien bouché (page 80). » Les fumigations de plantes aromatiques, les vapeurs de vinaigre jeté sur une pelle ou sur une brique rougie au feu, le transport des vers dans une pièce plus fraîche et plus aérée, les repas de feuille fraîche, sont des moyens sur lesquels il faut compter. Mais, dans les cas graves, « on doit tenter un dernier remède qui a réussi à des magnaniers dans de pareilles extrémités : ils arrosaient à force les sables et les vers avec de l'eau fraîche; ou bien ils trempaient ces derniers par poignées dans des baquets et les y baignaient quelques instants : les vers à soie pourraient, sans risque, demeurer sous l'eau un demi-quart d'heure ; on doit les y laisser moins de temps et les remettre tout de suite sur les sables, d'où l'on a balayé toute la litière (page 82). »

POMIER, DUBET, AYMAR. Pomier rejette l'opinion qui attribue la muscardine à la contagion, et la regarde comme l'effet d'une trop grande chaleur et du défaut de circulation dans l'air. « Lorsque, dit-il, la chaleur parvient au vingt-quatrième ou vingt-cinquième degré du thermomètre, les vers sont suffoqués, leur respiration est interrompue, les anneaux se durcissent par le desséchement des matières qui doivent former la soie : l'air, ne circulant plus dans les poumons, leur fait éprouver ce qu'on appelle la touffe ; on laisse échauffer la litière, surtout si elle est de quelques jours, et cela cause les muscardins. »

Dubet conseille aussi, pour la muscardine, les aspersions d'eau fraîche et même les bains d'eau fraîche prolongés pendant deux ou trois minutes.

Aymar reconnaît dans l'air sec et chaud la cause de la muscardine. « Si l'appartement, dit-il, où vous faites éclore vos vers donne au midi, ou s'il est exposé à de fortes réverbérations, et que, avec cela, il soit ordinairement fermé, vos vers y contracteront cette maladie. L'air sec et chaud qu'ils y respirent les prive de la partie la plus liquide de leur humeur, qui facilite le jeu de leurs organes, et la partie glutineuse, d'où dérive la soie, se durcit : les vers périssent. » Sur ce principe se fonde son traitement. « Rien ne peut ramollir les vers durcis par le muscardinage ; mais, lorsque vous avez à craindre que toute votre nourriture gagne cette maladie, arrosez-la souvent avec de l'eau fraîche, mouillez votre feuille avec de l'eau bien pure, pendez des linges mouillés dans la magnanerie, introduisez-y les airs les plus frais que vous pourrez vous procurer. »

En général, il paraît qu'avant Nysten, pour les savants, la muscardine n'était pas contagieuse, mais qu'elle l'était pour le vulgaire.

DEUXIÈME ÉPOQUE.

De Nysten à Bassi (1808 à 1835).

M. NYSTEN. Au commencement du siècle, la muscardine faisait des ravages si effrayants, que le préfet de la Drôme crut devoir envoyer au ministre de l'intérieur plusieurs mémoires sur cette maladie présentés à la Société d'agriculture de Valence, « en le priant de les faire examiner par quelques savants qui, versés tant en histoire naturelle qu'en chimie, pussent, d'après les vues renfermées dans ces écrits, indiquer quelques moyens propres à guérir ou à prévenir la muscardine (1). » MM. Tessier et Vauquelin, chargés, par le ministre, de cette commission, lui représentèrent la nécessité d'envoyer quelque savant dans les lieux de l'infection, et on s'adressa à M. Nysten, qui, après deux années d'études et d'expériences, publia ses recherches, dont nous allons donner le résumé.

Il a jeté quelque lumière sur la symptomatologie de la muscardine : au moins il a montré qu'elle n'est annoncée ni par des taches livides, ni par des excréments liquides et olivâtres, ni par la rougeur, et a donné pour symptômes l'inappétence, un état de langueur, et un ralentissement très-marqué du vaisseau dorsal.

Il a commencé l'anatomie pathologique de cette maladie ; mais il en a fait très-peu. « La dissection des vers malades, dit-il, n'apprend pas plus, à cet égard, que leur apparence extérieure. Les organes des vers présumés malades de la muscardine ne diffèrent pas, au moins d'une manière sensible, de ceux des vers sains; on trouve seulement quelquefois un peu moins d'aliments et moins de mucosité dans le canal intestinal des premiers que dans celui des seconds (page 11). »

---

(1) Nysten , *Recherches sur les maladies des vers à soie et les moyens de les prévenir.* Paris, 1808, page 1.

Il a décrit avec soin les phénomènes cadavériques qui se succèdent après la mort du ver, et il n'a pas manqué de chercher avec le microscope la nature de la maladie dans la moisissure; il a entrevu le cryptogame, et, s'il n'avait pas nettement nié sa nature végétale, la découverte de M. Bassi aurait été, sans doute, attribuée à M. Nysten. Voici ses paroles : « Le duvet dont ils sont recouverts, examiné à l'œil nu, ressemble beaucoup à une *moisissure*; mais, vu au microscope de Delbarre, il représente un amas de flocons de neige, et n'offre nullement l'apparence d'une *végétation*. Si l'on ne soumet au microscope qu'une petite lame de tégument recouverte de ce duvet, et qu'on examine les bords, on voit, au lieu de flocons, beaucoup de petits *filets d'un blanc argentin et demi-transparents qui s'entre-croisent irrégulièrement sans se ramifier. Ces filets semblent composés d'un grand nombre de petits grains ronds, articulés les uns avec les autres* (page 13). »

Après avoir vu et décrit le cryptogame, il le nie et s'abandonne à une suite de recherches chimiques sur la nature de ce duvet mystérieux, et il aboutit à une théorie chimique de la muscardine, dont l'agent serait l'acide phosphorique qui, uni à la chaux, forme un phosphate calcaire, tenu en dissolution par les humeurs du ver, par des *moyens que l'art emploierait sans succès.* Les humeurs du ver transpirent et s'évaporent sur les téguments, et le phosphate calcaire, resté comme sédiment sur la peau, constitue le duvet. Ayant remarqué que les chrysalides muscardinées ne présentent pas de duvet à l'extérieur, mais bien à la surface interne de la vésicule aérienne, il ajoute : « La différence dont il s'agit provient donc de ce que l'exhalation qui produit le duvet blanc se fait dans les chrysalides au dedans, au lieu de se faire au dehors. En effet, la surface extérieure des chrysalides est d'une texture comme écailleuse, qui ne paraît pas propre à laisser transsuder aucun liquide (page 21). » Et il finit par localiser la cause de la muscardine « tant dans le liquide muqueux, qui sert à la digestion des vers à soie, que

dans le liquide jaune, dans lequel baignent tous les organes
intérieurs de ces insectes (page 22). »

M. Nysten a cherché à déterminer les causes occasionnelles de la muscardine, et a dirigé ses expériences sur la
nourriture des vers, sur l'atmosphère qui les entoure et sur
les soins qu'on leur donne.

Il a commencé par faire l'analyse immédiate des différentes variétés de feuilles, dans les diverses périodes de leur
développement. Il a obtenu de ses expériences que ni les
feuilles tendres ni les feuilles bien développées ne peuvent
produire la muscardine, parce que « l'époque où l'on
fait éclore les vers à soie est partout celle où les feuilles de
Mûrier commencent à pousser, et leur végétation est, en
général, proportionnée à l'âge des vers (page 29). » Il en résulte aussi que, « quelles que soient les variétés de Mûrier,
on ne connaît dans leurs feuilles aucune qualité inhérente à
leur nature qui puisse donner lieu à la muscardine (p. 30). »
Les essais sur la feuille échauffée par l'entassement n'ont
donné aucun résultat ; les feuilles mouillées ont paru occa-
sionner plusieurs des maladies auxquelles les vers à soie sont
sujets, mais on ne peut pas les regarder comme capables de
produire la muscardine.

Quant à l'air atmosphérique, après avoir cherché à réunir
autour des vers les mêmes conditions de chaleur, d'humidité
et d'immobilité qu'on remarque dans cet état de l'atmosphère qu'on appelle *touffe*, il a pu conclure que « la chaleur
accablante et le calme parfait de l'air, qui constituent cet état
que l'on désigne sous le nom de *touffe* et qu'on observe surtout à la veille d'un orage, sont une cause occasionnelle des
épidémies de muscardine (page 40). » Et après avoir essayé
l'action de l'oxygène, de l'azote, de l'acide carbonique, de
l'hydrogène, de l'hydrogène sulfureux, et de divers mélanges
de ces gaz dans l'air atmosphérique, il a conclu « que les gaz
désignés, soit purs, soit mélangés dans diverses proportions,
ne développent pas la muscardine (p. 56). »

Quant aux soins qu'on donne aux vers à soie, il pense

3

« qu'on doit admettre comme causes occasionnelles de la muscardine épidémique : 1° la méthode routinière de faire éclore les vers au nouet, quand on ne porte pas la plus grande attention à ouvrir souvent les nouets pour remuer la graine; 2° les négligences qu'on apporte dans l'entretien de la propreté des magnaneries, dans la distribution de la feuille et dans les moyens de renouveler l'air, surtout lorsque les vers à soie sont réunis en grand nombre dans un espace trop resserré; 3° l'état accablant de l'atmosphère, connu sous le nom de *touffe*, et qu'on observe surtout à la veille d'un orage : cet état produit la muscardine, indépendamment du nombre de vers et de l'encombrement; mais les deux premières causes, déduites de l'observation, doivent être secondées par quelques circonstances particulières que nous ne connaissons pas encore (page 79). »

De toutes ses observations et de ses expériences il résulte que la muscardine « est réellement contagieuse, lors même que les vers sont placés dans un endroit où il ne règne pas d'épidémie de muscardine. Mais ni les vers morts, ni les corps avec lesquels ils ont été en contact, n'ont la propriété de communiquer la maladie à des vers sains : elle ne devient contagieuse que par les exhalaisons d'un certain nombre de vers malades et seulement pour les vers qui occupent les mêmes tables que les malades et sont mêlés avec eux; enfin la contagion ne se déclare qu'après plusieurs jours de communication..... S'il était permis de comparer la muscardine, sous le rapport de son caractère contagieux, avec les maladies de l'homme, on pourrait dire qu'elle est moins contagieuse que la peste, la syphilis, la petite vérole, mais qu'elle l'est davantage que la fièvre jaune et autres maladies épidémiques, qui ne sont contagieuses qu'autant que les influences atmosphériques qui ont donné lieu à l'épidémie persistent encore, et seulement dans le foyer et dans le fort de l'épidémie (p. 88). »

Il retient comme une erreur que la muscardine soit une maladie héréditaire.

M. Nysten, après avoir essayé inutilement les feuilles arrosées de vin, le changement d'air, le rafraîchissement par les linges mouillés et l'arrosement des murs et du pavé, les bains froids, la feuille arrosée d'ammoniaque, les fumigations ammoniacales, les fumigations muriatiques, la chaux vive, se persuada qu'il n'y avait contre la muscardine aucun moyen curatif dont l'efficacité fût bien constatée, et qu'il faut s'attacher plutôt à prévenir qu'à guérir la muscardine. Et il réduit tous les moyens prophylactiques à une bonne méthode d'éclosion, à une distribution régulière des repas, aux délitements fréquents, à l'aération et ventilation de la magnanerie, en un mot aux soins intelligents et constants dans l'éducation des vers.

DANDOLO. La pathologie est peut-être la partie faible dans les ouvrages du comte Dandolo; l'étiologie et le traitement sont les mêmes pour toutes les maladies. Quant à la muscardine, en particulier, à l'occasion d'une brochure de M. De Capitani, qui la regardait comme une affection catarrhale due à la suppression subite de la transpiration, il fit un grand nombre d'expériences en 1818 dans le but de provoquer artificiellement le développement de la muscardine, et par ses expériences il s'assura que ni les variations atmosphériques de toute nature, ni le défaut de ventilation et l'immobilité de l'air, ni la corruption par l'encombrement des vers et par le manque des soins convenables, ni le froid, ni la chaleur, ni leurs alternatives, ne sont capables de produire cette maladie.

Il croit que « cette maladie n'est jamais de nature contagieuse. Un ver mort de la calcination, mis en contact direct avec un ver sain, n'agit pas plus sur lui qu'un morceau de bois (1). » M. Dandolo pense que trois causes principales peuvent produire cette maladie : 1° l'altération de la semence, lorsqu'elle a été mal conservée ou transportée de loin sans

---

(1) *L'art d'élever les vers à soie*, par le comte Dandolo, traduit par M. Fontaneilles. Paris, 1845, page 289.

précaution ; 2° si on n'a pas bien procédé pour faire éclore les œufs dans une chambre chaude ; 3° si on n'a pas bien soigné les vers depuis le moment de leur naissance, c'est-à-dire si on les a laissés longtemps à une température trop froide, ou qu'on ait négligé les soins pendant les mues. Il n'y a jamais de maladie, répète ici M. Dandolo, lorsque l'œuf a été bien fécondé, bien conservé, et le ver à soie bien élevé ; mille expériences me l'ont montré (p. 292).

Il a montré que les œufs pondus par des papillons atteints de la muscardine, quand les vers sont élevés avec les soins ordinaires, ne donnent pas de cas de muscardine.

Regardant la poussière muscardinique comme du phosphate ammoniaco-magnésien, il s'efforce de trouver dans le jeu des affinités chimiques la clef de la pathogénie de la muscardine. Nous en parlerons plus tard.

Le traitement qu'il propose est tout à fait hygiénique ; l'espacement convenable, la température modérée et constante, l'air pur, la ventilation, la lumière, les fréquents délitements, la distribution régulière de bonne feuille : c'est à peine s'il recommande la *bouteille à purifier l'air*.

VINCENT DE SAINT-LAURENT, FOSCARINI, REYNAUD, PITARO, BONAFOUS. De Dandolo à Bassi, il n'y eut presque rien d'important ou de nouveau sur la muscardine.

M. Vincent de Saint-Laurent accepte les idées de Nysten, admet la contagion, et assure que ce ne sont pas les cadavres muscardinés, mais les vers malades seuls qui communiquent la maladie ; et, d'après M. Robinet, il regarderait la muscardine plutôt comme épidémique que comme contagieuse, parce qu'elle *serait dépendante d'une cause commune et générale, mais accidentelle, répandue dans l'air ; et cessant avec cette cause* (1).

M. Reynaud se borne à dire que « le principe de la muscardine tient à une certaine qualité de l'air à la fois sec et

---

(1) Robinet. — *De la muscardine, des causes de cette maladie et des moyens de la prévenir.* Paris, 1845, page 114.

chaud ; » et il recommande, dans ces circonstances, « *de rapprocher les repas de plusieurs heures et de donner aux vers à
soie de la feuille très-fraîche* (1).»

M. Pitaro prétend avoir remarqué que les vers atteints de
la muscardine étaient couverts d'une infinité de lentes im-
perceptibles. « Elles blessent le ver, le tourmentent, lui causent des éruptions dont nous venons de parler, le rendent
malade et le tuent..... Au reste, l'éruption n'est pas constante ; beaucoup de vers deviennent muscardins sans avoir
été assaillis de lentes et sans éruptions..... La malpropreté,
le méphitisme, le calme de l'atmosphère, une chaleur étouf-
fante d'un côté et le tourment des lentes de l'autre, forment
la cause éloignée de ce mal, tandis que la respiration gênée,
la transpiration augmentée en sont la cause prochaine, et le
dégagement de l'acide phosphorique, constipant de plus en
plus le ver, est la cause immédiate de sa mort (2)..»

M. Foscarini est le seul qui ait fait un pas en avant dans
les connaissances sur la muscardine dans cette période. Les
idées de Nysten étaient les idées dominantes, entre autres,
la croyance que les vers recouverts de la poussière muscardinique étaient innocents, et que le principe contagieux s'ex-
halait des vers malades pendant leur vie. C'est cette erreur
qu'attaqua et détruisit, en 1820, M. Foscarini (3), qui prou-
va, par des expériences décisives, que ce n'est pas la maladie
proprement dite qui est contagieuse, mais que la source de
la contagion est dans les altérations cadavériques du ver par
lesquelles il devient muscardin. Ce fut un fait nouveau, bien
important, acquis à la science, lequel, en 1829, fut aussi confirmé par les expériences de M. Bonafous (4).

---

(1) *Ibid.*, page 115.
(2) *Ibid.*, page 116.
(3) Biblioteca italiana, tome XXII. 1821, page 59.
(4) *De l'emploi du chlorure de chaux pour purifier l'air des ateliers
des vers à soie.* 1829.

TROISIÈME ÉPOQUE.

De M. Bassi à nos jours (1835 à 1856).

BASSI. Nous voilà parvenus à l'époque de la découverte de la cause véritable de la muscardine. M. Bassi commença ses études et ses recherches en 1807. Préoccupé de l'idée que la muscardine se développait spontanément sur le ver à soie, il éleva « les vers de toutes les manières, en leur faisant subir même les traitements les plus barbares : les pauvres animaux périssaient par milliers et de mille manières, mais pas un seul ne pouvait être préservé de la corruption après la mort. Tous leurs cadavres pourrissaient plus ou moins rapidement ; aucun ne put échapper à la fermentation putride, ni durcir, et moins encore se couvrir de l'efflorescence muscardinique (1). »

Plus tard, il chercha à déterminer le durcissement sur les cadavres. « J'attachai, dit-il, à différentes hauteurs d'un tuyau de cheminée, où l'on faisait continuellement du feu, des cornets de papier, dont chacun contenait un gros ver à soie tout près de mûrir. Après quelques jours j'ouvris ces enveloppes, en commençant par les plus rapprochés du feu, et je trouvai que plusieurs étaient devenus solides et durs autant que les muscardiniques. Je les exposai à un certain degré d'humidité, en en plaçant quelques-uns dans une cave, d'autres sous des verres et j'eus le soin de les arroser tous les jours. Quelques-uns se couvrirent d'une efflorescence blanche tout à fait semblable à celle des muscardins (p. 17). » Il se flattait d'avoir arraché le secret à la nature, mais il ne tarda pas à s'apercevoir de son illusion, lorsqu'il essaya des vers durcis artificiellement sous le rapport de la contagiosité. « Ils manquaient du caractère essentiel qui qualifie la véritable muscardine, le seul caractère qui la distingue de tout autre

---

(1) Del mal del segno, calcinaccio o moscardino, malattia che affligge il baco da seta, e sul modo del liberarne il bigattaje anche' le più infestate. Torino, 1837, page 14.

état qui en ait les apparences, c'est-à-dire la faculté contagieuse, la faculté de communiquer la même maladie à d'autres individus (p. 18). » Les vers durcis et encroûtés de cette manière n'étaient pas contagieux. Cependant il ne se décourage pas, il ne s'arrête pas; il redouble ses efforts, et après vingt-huit ans de recherches, d'observations et d'expériences il découvre la véritable cause de la mystérieuse maladie, et en 1835 il en expose la théorie. C'est cette théorie que nous allons résumer.

La muscardine n'est jamais spontanée : « Il n'y a aucune composition chimique ni aucun produit de l'économie animale pervertie qui puissent engendrer dans le ver à soie ou autres la terrible muscardine (p. 29). » En outre il penche à croire « que la maladie en question n'est pas née spontanément, pas même lorsqu'elle se montra la première fois sur la terre, et tua le premier ver (p. 107). »

La muscardine est contagieuse. « Le principe contagieux se développe dans l'insecte vivant, et se perfectionne, après la mort, dans son cadavre. Mais le cadavre du ver mort de la véritable muscardine ne possède pas la faculté contagieuse en tout temps et en toutes circonstances (p. 26). » Le ver « n'est pas contagieux pendant sa vie, parce qu'il manque de germes ou séminules reproduites ou du moins fécondées ; le cadavre seulement possède la faculté contagieuse (p. 32). » « Le ver à soie qui, quoique mort de la véritable muscardine, ne blanchit point, c'est-à-dire la momie légitime qui ne moisit pas faute d'humeur ou par excessive sécheresse de l'air environnant, ou par ces deux causes ensemble, n'est pas pourtant privé de la faculté contagieuse; il la possède toujours dans son intérieur (p. 43). » En effet, si avec le sang d'un ver qui vient de mourir de muscardine, on arrose « tout le corps d'un ver ou d'une nymphe, on obtient presque toujours des cadavres de muscardins : c'est parce que dans cette grande quantité de matière il y a des germes ou séminules déjà formées ou fécondées (p. 48). »

La véritable et unique cause de la muscardine est un être

« organique, vivant, végétal : c'est une cryptogame, un
champignon parasite (p. 31). » La matière contagieuse de la
muscardine consiste tout entière dans les germes reproducteurs du champignon. « Les séminules du champignon
fatal, introduites dans le ver à soie ou dans d'autres insectes,
y germent : la plante se nourrit et croît, et en croissant et en
se dilatant tue l'animal envahi, et ensuite elle produit ses
fruits, ou elle les mûrit et les perfectionne sur le cadavre, dans
lequel toute résistance de la force vitale ayant entièrement
cessé, elle trouve dans la matière morte tout l'aliment nécessaire à l'accomplissement parfait de ses fonctions (p. 33).»
« Les végétaux très-minces, qui se trouvent déjà développés
dans l'intérieur de l'insecte mort, sortent, s'ils le peuvent, à
la surface du cadavre en perçant les téguments, et s'y élèvent d'autant plus vigoureux, que plus faible est la résistance
opposée par les téguments, et plus grandes, dans certaines limites, l'humidité et la chaleur de l'air environnant (p. 34).»
« Parvenus à leur développement complet, les champignons
perdent peu à peu leur eau de végétation, et en se dessé-
chant se convertissent, pour la plus grande partie, en une
poussière qui contient un nombre infini de séminules de ces
mêmes champignons mêlées aux débris de leurs filaments
(p. 35). »

Il admet trois variétés de ce champignon entomoctone; la
blanche, la rouge et la bleue : et, quant à la dernière, il dit :
«Je n'ai pas vu la bleue ; mais elle a été observée par un de
mes amis, parmi les vers frappés de muscardine ; et je suis
fâché de n'avoir pas été averti à temps pour avoir quelques-uns des vers de cette coloration, afin de conserver
une variété si singulière de cette espèce de champignon
(p. 56). » La blanche et la rouge ne sont que le même champignon à différents degrés de son développement.

Il cherche les causes qui favorisent ou contrarient la végétation de la cryptogame. «Plus humide, chaud et immobile est
l'air qui environne l'insecte qui a succombé à la muscardine,
plus épaisses, hautes et vigoureuses croissent les plantules pa-

rasites sur son cadavre, qui se couvre bientôt d'efflorescences très-blanches, comme des flocons de neige, ou comme un duvet blanc, si la végétation est poussée à son plus haut degré de vigueur. » Mais « la chaleur et l'humidité ne doivent pas être excessives : une température trop élevée détruit la vie du germe de la maladie, et l'humidité excessive, en provoquant dans le cadavre la fermentation putride, fait périr la semence du végétal parasite (p. 38). » « Au contraire, plus l'air qui environne le cadavre est libre, sec et froid, et pauvre d'humeur le corps du ver, moins les cryptogames se développent et s'élèvent sur le cadavre, et plus mince est la croûte qui le recouvre. Quand l'air est très-sec, il n'y a que très-peu de liquide dans le cadavre, et plus encore si ces deux conditions se trouvent réunies, ces champignons parasites ne blanchissent pas sur la surface du cadavre, et quelquefois ils n'en percent pas même les téguments, s'ils sont trop durs ou par leur nature ou par une sécheresse excessive (p. 39). » C'est le même fait constaté par M. Nysten.

« Le germe muscardinique est d'autant plus virulent qu'il est plus récent, c'est-à-dire, moins éloigné de l'époque de sa naissance, ou de sa parfaite formation ou fécondation ; et mieux il est garanti du contact renouvelé de l'air, surtout de l'air libre, plus longuement il se maintient en vie et en vigueur. L'humidité excessive affaiblit et ensuite détruit tout à fait le germe, s'il adhère au ver sur lequel il a été produit, parce que la substance animale du cadavre, en pourrissant lentement par l'excès d'humidité, altère et décompose peu à peu le germe muscardinique. Mais si, détaché du cadavre où il a pris sa naissance, il se trouve attaché au plancher, aux parois, au pavé de la chambre, aux claies, aux papiers, ou à d'autres corps non corruptibles, ou mieux, qui ne sont pas en actualité de fermentation putride et qui n'ont pas la puissance de le détruire, le germe muscardinique souffre peu de l'humidité, quoique excessive, pourvu que son action ne dure pas trop longtemps ; car il conserve sa vie latente pendant plusieurs jours, même submergé dans

l'eau, et pendant quelques mois même, si on le laisse nager
à sa surface (p. 66).» La chaleur augmente, le froid affaiblit la
puissance du germe muscardinique. « L'aliment consistant
et peu aqueux, l'air sec, la santé et la vigueur augmentent,
dans le ver l'aptitude à nourrir et à régénérer la contagion
muscardinique (p. 68). » L'état de maladie ou autre analogue, qui n'apprête au germe muscardinique que peu de
mauvais aliment, en contrarie le développement ; le champignon, ou n'y croît pas, ou y végète très-mal.

« Tous les corps organiques et inorganiques, vivants et
morts, y compris l'air et l'eau, sont des corps propagateurs
de la contagion muscardinique, à l'exception seulement de
ceux qui ont la puissance de le détruire par leur contact
(p. 58). » Que l'air soit un véhicule de la contagion, il n'y
a pas de doute : si l'on jette dans un verre de la poussière
muscardinique et qu'on l'agite, et puis qu'on y introduise
« une épingle sans qu'on touche les parois, et qu'on pique
avec elle un ver ou une chrysalide, on leur communique la
terrible maladie, tout comme si on avait touché avec l'é-
pingle un ver muscardiné (p. 51).» «Les vents, les animaux
(chiens, chats, souris, mouches) peuvent être des moyens de
communication (p. 60) ; » « mais un des plus efficaces, c'est
la contamination de la feuille (p. 60). » « Les œufs aussi sont
des propagateurs de contagion : non que l'embryon en soit
infecté, car la maladie n'est pas héréditaire, mais les vers, à
peine sortis de l'œuf, en touchant à la coque infectée, attra-
pent les germes de la muscardine, qui peut se développer
dans tous les âges du ver (p. 63). »

Il a fait aussi des recherches sur la durée de la puissance
germinative des séminules du champignon ; et il croit que
leur « vie latente et, partant, leur puissance contagieuse sont
détruits, avant que la deuxième année de leur âge se soit ac-
complie (p. 57).» Mais il ajoute que, dans les pays secs et élevés, la faculté contagieuse se conserve souvent plus longtemps, et que, dans les contrées humides, elle dure rare-
ment jusqu'à la deuxième année.

Enfin il prétend que le germe muscardinique peut produire, dans quelques cas, la *gangrène noire* (negrone) et la *jaunisse* (giallume). « L'affaiblissement ou l'altération des séminules du végétal parasite au dedans et au dehors du ver, ou bien le peu ou point d'aptitude de celui-ci à le reproduire, quoique capable de le développer et de le nourrir, produit dans le ver mort la gangrène noire et quelquefois la jaunisse (p. 214). » Et ailleurs : « A peine commence, dans le cadavre, la fermentation putride, il se développe d'autres germes contagieux que j'ai appelés *négroniques* ou *gangréneux*, qui, introduits dans le ver à soie ou autres insectes, les tuent immanquablement et rapidement (p. 37). »

Dans la partie pratique de son livre, M. Bassi se propose de chercher les moyens d'éloigner la muscardine des magnaneries saines, d'en arrêter les progrès ou d'en diminuer la violence et les dommages, lorsqu'elle s'est développée ; d'empêcher qu'elle ne revienne dominer dans une magnanerie qui en a été infectée (p. 137, 146, 192).

Il n'y a pas de soins, de remèdes, de pratiques qu'il n'ait recommandés : on en trouve de tout genre, de bons, d'inutiles, de mauvais. Il commence par la désinfection des œufs au moyen des lavages d'alcool étendu d'eau, et il ne manque pas de signaler les dangers de cette opération sur la semence déjà entrée dans le mouvement d'incubation ; il recommande les plus grands soins pour se procurer de la bonne feuille, pour bien aérer la magnanerie, pour bien espacer les vers, pour leur assurer une température convenable, pour les délivrer de leur litière ; enfin il conseille de hâter l'éclosion et d'abréger la durée de l'éducation en élevant la température et en multipliant les repas.

Pour désinfecter le local et ses ustensiles il compte beaucoup sur la chaleur, soit en brûlant des Bruyères et des papiers, soit en passant les claies et autres objets à la flamme, soit en les laissant pendant quelque temps dans un four chauffé, soit en les lavant à l'eau bouillante, soit en les soumettant aux rayons du soleil d'été. Il a beaucoup de confiance dans la lessive de potasse caustique, de potasse et de chaux, dans les fumigations de soufre : « Le chlore, l'alcool, la lessive caustique de potasse, l'acide nitrique, le sulfurique, le muriatique, l'ammoniaque, le mercure, l'iode, la quinine, le camphre, etc. ; l'air libre, l'électricité, une forte chaleur soit sèche, soit humide, le soleil, l'eau bouillante, les vapeurs, le temps, etc. ; les émanations ou évaporations épaisses et intenses de plusieurs substances, de l'ammoniaque, de l'esprit-de-vin, de chlorure de chaux, de l'iode, de camphre, de la valériane, du tabac, de l'essence de térébenthine, etc. ; ces substances et d'autres encore sont des agents qui attaquent directement, avec plus ou moins de rapidité et d'énergie, le germe muscardinique, l'affaiblissent et le détruisent (p. 188). » Il recommande de recueillir soigneusement les morts et de les enfouir sous terre ; de transporter les vers dans un autre local, et, s'il le faut, d'ensevelir « toute la couvée, désinfecter les vêtements et les personnes, et de procurer d'autre semence non suspecte d'infection ou d'autres vers sains, s'il est possible. Si on ne peut pas les avoir et si la saison est déjà trop avancée, il faut renoncer à l'éducation de l'année, et vendre la feuille ou la laisser sur le Mûrier, qui en aura plus de vigueur et d'accroissement (p. 166). » Il croit encore qu'on peut tirer quelque profit de la feuille arrosée d'une lessive de potasse et de chaux, et, mieux encore, de chlorure de sodium (p. 162). Enfin il veut qu'on porte les soins de désinfection sur les choses aussi bien que sur les personnes, et que les pratiques désinfectantes soient étendues à toutes les magnaneries voisines ; et il fait des vœux pour que les autorités gouvernementales y concourent par leurs puissants moyens (1).

Balsamo-Crivelli. Immédiatement après la publication du livre de M. Bassi, le professeur Balsamo-Crivelli fit des

_____

(1) C'est le résumé des premiers travaux de M. Bassi ; quelques années plus tard, il imagina une espèce de génération spontanée par des germes innés, que depuis il renia dans les dernières années de sa vie. Nous y reviendrons.

recherches sur les caractères botaniques du Champignon découvert par M. Bassi, le rapporta au genre *Botrytis*, et en fit une nouvelle espèce qu'il appela d'abord *paradoxa*, puis *Bassiana* (1). Il penche à croire que c'est dans le tissu adipeux ou corps gras qu'il faut placer le siége de la muscardine, parce que la structure et la consistance en sont modifiées, et la quantité augmentée tellement qu'il parait refouler les organes encore existants (2).

AUDOUIN. M. le comte Barbò fit connaître, en France, la découverte de M. Bassi. M. Audouin en fit un sujet d'études, d'observations et d'expériences, et il parvint aux mêmes conclusions que M. Bassi; et, s'il y avait jusqu'alors encore quelques doutes, ils furent dissipés par la précision et l'exactitude des expériences. Il croit, ainsi que M. Balsamo-Crivelli, que la maladie a son siége dans le tissu adipeux ou corps gras, parce que c'est là qu'il trouvait constamment les altérations les plus remarquables.

MONTAGNE. En même temps que M. Audouin travaillait sur la muscardine sous le rapport zoologique, M. Montagne faisait ses recherches sur l'histoire botanique de la muscardine; et dans la séance de l'Académie des sciences du 18 août 1836 il lut un mémoire très-remarquable, qui fut publié ensuite un peu plus tard dans les *Annales de la Société séricicole*, en 1847. Je ne puis le résumer plus fidèlement qu'en rapportant ici les conclusions de l'auteur.

De tout ce qui précède il semble résulter

«1° Que le Champignon dont le développement dans le corps du ver à soie produit cette singulière maladie contagieuse nommée *muscardine* appartient à la tribu des mucédinées de la vaste famille des Champignons, et particulièrement au genre *Botrytis*, ainsi que l'avait reconnu M. Balsamo;

« 2° Que le *Botrytis Bassiana*, si tant est qu'il soit spécifiquement distinct, diffère bien peu du *Botrytis diffusa*,

---

(1) Gazetta privilegiata di Milano, 17 giugno e 19 luglio 1835.
(2) Biblioteca italiana, tome LXXIX, page 125.

Dittmar, avec lequel nous lui avons reconnu la plus grande
affinité et dont nous le séparons provisoirement, en modi-
fiant, toutefois, les caractères qui lui avaient été assignés;

« 3° Que, contre l'opinion de M. Bassi, la mucédinée entomoctone non-seulement germe et se développe sur des
corps inorganiques, pourvu que ceux-ci soient placés dans des
conditions de chaleur et d'humidité convenables, mais encore
qu'elle y parcourt toutes les phases de sa vie jusqu'à la reproduction des sporidies exclusivement;

« 4° Que, depuis le moment de la germination de celle-
ci jusqu'à la fructification du Champignon, il ne s'écoule que
quatre jours, quel que soit la matrice ou le support qu'on leur
ait donné, mais que l'état parfait ne se montre que le sixième
jour;

« 5° Que ce dernier état n'a été obtenu ni sur les vers à
soie qui ont fait le sujet de nos observations, faute, sans
doute, de circonstances atmosphériques favorables (car des
vers à soie muscardinés venus d'Italie le présentaient), ni dans
aucune de nos expériences où les sporules ont été déposées à
nu sur des lames de verre;

« 6° Que les sporidies se forment à l'intérieur des filaments, et qu'elles en sortent et se groupent symétriquement
à l'extrémité des ramules par un mécanisme que nous avons
tenté d'expliquer;

« 7° Que, aux différentes époques de leur éphémère existence, les mucédinées, sans excepter celle dont il est ici
question, subissent des métamorphoses qui les rendent dissemblables à elles-mêmes;

« 8° Que les circonstances locales et atmosphériques, dont
les effets puissants n'ont pas encore été suffisamment appréciés dans la question du développement de ces plantes, sont
de nature à modifier leurs formes extérieures et à en faire de
véritables protées;

« 9° Que, pour obtenir la reproduction de notre botrytis,
il n'est pas indispensable d'employer une certaine quantité
de la masse sporulaire, puisque nous avons pu le faire naî-

tre d'une sporidie isolée et voir l'individu qui en était issu arriver au dernier terme de son évolution, c'est-à-dire la formation de nouveaux germes ;

« 10° Que, ainsi que l'avait déjà annoncé M. Bassi, les sporidies peuvent bien conserver, pendant une année, la propriété de germer dans les vers à soie ou chez d'autres insectes, mais que cette faculté ne se prolonge pas aussi loin quand on veut tenter la même expérience sur un corps inorganique ;

« 11° Que, en prolongeant le séjour de la lame de verre dans les mêmes conditions qui ont favorisé l'évolution artificielle de la mucédinée, les filaments de celle-ci finissent par se résoudre presque complétement en sporules, comme cela a lieu normalement dans les genres *Oidium* et *Torula*, qui sont de vrais tomipares ;

« 12° Qu'enfin le *Penicillium*, obtenu par M. Audouin, des séminules de botrytis, pas plus que le *Monilia* de ma cinquième expérience, ne saurait être logiquement attribué à une métamorphose de notre Champignon, mais bien plutôt à un mode de dissémination des sporules cryptogamiques que nous ne faisons que soupçonner, mais dont la nature seule a encore le secret (1). »

CALDERINI, LOMENI. — Tandis qu'en France on confirmait et on développait par de nouvelles recherches et expériences la découverte et la théorie de M. Bassi, en Italie on cherchait à la combattre et à l'anéantir. M. Calderini écrivait que « dans le ver mort de muscardine il faut faire attention à deux choses apparemment confuses, quoique différentes et capables d'être séparées et étudiées à part : la première, c'est le principe contagieux de la maladie, encore inconnu, qui échappe à toute expérience chimique et physique et qu'on ne peut reconnaître que par ses effets singuliers ; l'autre, c'est l'efflorescence blanche, le seul résultat matériel de la

---

(1) Montagne. — *Observations et expériences sur un champignon entomoctone*, ou histoire botanique de la muscardine. Ann. de la Soc. séric., 11ᵉ vol., 1847.

maladie, qui, comme j'espère de le démontrer, ne sert que de véhicule à la première (1). »

Les attaques de M. Lomeni furent un peu plus vives et même plus aigres. Il ne voulait pas reconnaître que l'honneur de la découverte appartenait à M. Bassi, parce que MM. Configliaucchi et Brugnatelli avaient soupçonné la nature végétale de l'efflorescence muscardinique, et qu'il en avait parlé lui-même dans sa *Scuola del bigattiere* en 1832. Il aurait pu remonter jusqu'à Nysten qui en même temps là décrit et la nie. Mais il prétend « que la moisissure ne doit pas être regardée comme cause de la muscardine, mais seulement comme une dépendance de cet état pathologique où le ver est parvenu par l'effet de combinaisons déterminées dans son intérieur par des causes analogues; et cet état de désordre morbide est capable de le rendre susceptible de se prêter au développement de la cryptogame à la surface (2). » L'efflorescence est pour lui une conséquence « de la maladie, qui a, pour ainsi dire, disposé un terrain opportun pour cette végétation (p. 9). » C'est un fait accidentel qui peut être, et ne pas être sans que pourtant la maladie contagieuse en soit modifiée; la maladie et le principe contagieux sont des choses distinctes et indépendantes de l'efflorescence muscardinique.

C'était la théorie aérienne, nébuleuse et sentimentale de la contagion.

ROBINET. — Je crois inutile de m'arrêter sur quelques brochures ou sur des articles de journaux qui ne nous ont rien appris sur la muscardine, et j'arrive à M. Robinet. Son livre sur la muscardine est bien fait (3), et, quoique je sois bien loin de partager ses opinions sur les questions les plus importantes, je dois convenir d'avoir tiré quelque profit de

---

(1) Ricoglitore italiano e straniero. Giugno 1835.

(2) **Del calcino, malattia di bachi da seta**, memoria quinta. Milano, 1835, page 8.

(3) *La muscardine. Des causes de cette maladie et des moyens d'en préserver les vers à soie*, 2e édition. Paris, 1845.

sa lecture. Il le divise en quatre parties : dans la première, il s'occupe de la théorie de la muscardine; dans la deuxième, il analyse les principaux ouvrages qui en traitent; dans la troisième, il examine les remèdes et les préservatifs ; dans la quatrième, qu'il intitule *faits nouveaux*, il cherche principalement à déterminer les effets de l'humidité sur les éducations de vers à soie. L'analyse des auteurs est empreinte d'un vice radical ; je me garderai bien de dire qu'il n'est pas loyal, mais il me paraît qu'en rapportant les théories des auteurs il n'a pas oublié la sienne. Il met en relief tout ce qui paraît confirmer ses idées, dans l'ombre tout ce qui leur est contraire : ce sont moins des résumés consciencieux que des pièces à l'appui d'une opinion, que l'auteur avait, à tout moment, devant les yeux. La question des effets de l'humidité ne regarde qu'indirectement la muscardine. C'est donc la première et la troisième partie qu'il faudrait résumer ; mais, dans le chapitre de la pathogénie de la muscardine, j'ai destiné un article à part pour la théorie de M. Robinet; je me limite donc ici à donner les conclusions théoriques et pratiques de son ouvrage , qui sont un résumé fait par l'auteur lui-même.

« Conclusions théoriques. 1. La muscardine , considérée comme maladie, résulte de l'affaiblissement causé par une alimentation insuffisante et une transpiration exagérée. 2. La muscardine est contagieuse. 3. La muscardine n'est contagieuse que dans certaines circonstances. 4. L'eau est le meilleur obstacle à la propagation de la muscardine. 5. La muscardine peut être portée d'un lieu dans un autre. 6. On peut détruire les germes de la muscardine par les lavages avec la solution de sulfate de cuivre. 7. La muscardine est souvent spontanée ou accidentelle. 8. La muscardine est épidémique. 9. La suppression de la transpiration n'est pas la cause déterminante de la muscardine. 10. L'impureté de l'air est une des causes déterminantes de la muscardine. 11. L'insuffisance de l'alimentation est la cause déterminante principale de la muscardine. 12. L'alimentation des vers à soie est insuffisante en général. 13. Les repas ne sont pas proportionnés à la température. 14. Les repas ne sont pas assez multipliés. 15. L'alimentation est insuffisante la nuit. 16. La sécheresse est une cause déterminante de la muscardine. 17. La sécheresse augmente outre mesure la transpiration des vers à soie. 18. La sécheresse peut asphyxier les vers à soie. 19. Les éducations tardives sont plus exposées à la muscardine que les éducations précoces. 20. La muscardine peut être guérie à son début. 21. L'eau peut être considérée comme le remède de la muscardine. 22. Les vers à soie atteints de la muscardine peuvent être guéris par l'emploi de la feuille mouillée, si la maladie est à son début. 23. Le refroidissement de l'atelier peut contribuer à la guérison des vers malades. 24. Des procédés rationnels d'éducation sont les meilleurs préservatifs de la muscardine. 25. Les préservatifs de la muscardine sont une nourriture abondante jour et nuit, des repas nombreux et proportionnés à la chaleur et à la sécheresse, des repas de feuille mouillée quand l'air est sec et chaud, des repas de feuille mouillée pendant toute l'éducation dans les pays naturellement secs et chauds, l'entretien de la pureté de l'air. »

« *Conclusions pratiques*. En conséquence, de tout ce qui précède, je conseille aux éducateurs qui sont menacés de la muscardine d'apporter les changements suivants dans leur système d'éducation : 1° renoncer aux couveuses, et faire éclore lentement dans un cabinet aussi humide que possible ; 2° réduire la quantité de graine de manière à s'assurer 1,000 kilogrammes de feuille réelle par once de 31 grammes ; 3° réduire l'éducation de manière à pouvoir lui donner tous les soins nécessaires, c'est-à-dire la proportionner à la main-d'œuvre dont on peut disposer ; 4° donner des repas jour et nuit ; 5° donner douze repas dans le premier, le deuxième et le troisième âge, c'est-à-dire toutes les deux heures ; 6° donner huit repas dans le quatrième et le cinquième âge, c'est-à-dire toutes les trois heures ; 7° varier encore le nombre des repas, selon la température de l'atelier ; 8° mouiller la feuille pendant toute l'éducation et proportionnellement à la sécheresse; 9° mouiller la feuille légèrement et seulement pour l'entretenir fraîche, quand il ne fait ni chaud ni sec; 10° mouiller la feuille abondamment quand il fait sec et chaud; 11° remplacer les planches et les canisses avec papiers par des tables en canevas ou en toile claire d'une grande surface; 12° avoir 34 mètres carrés de table par once; 13° avoir des filets de manière à pouvoir déliter rapidement et souvent, principalement quand on mouille la feuille; 14° entretenir la pureté de l'air dans la magnanerie par une bonne ventilation; 15° faire des fumigations sulfureuses dans les ateliers infectés, immédiatement après l'éducation pendant laquelle la muscardine a sévi, et quelques jours avant l'éducation suivante. »

Guérin-Méneville et Eugène Robert. Je ne tiens pas compte des opinions de MM. Guérin-Méneville et Eugène Robert avant 1848. « L'un de nous, disent-ils, n'avait jamais vu de grandes éducations de vers à soie, et ne connaissait la muscardine que par les livres, et l'autre avait franchement déclaré, l'année précédente, au congrès de Marseille, qu'après dix années d'expériences et de résultats contradictoires il était arrivé à ne plus pouvoir se faire une opinion raisonnable sur cette matière si importante (1).» D'ailleurs, si l'on veut savoir ce qu'en pensait M. Eugène Robert avant 1848, on peut s'adresser à l'ouvrage de M. Robinet. Voici un résumé de leurs études :

La muscardine est une maladie contagieuse produite par la végétation du *Botrytis Bassiana* (p. 71).

Ni l'incubation à l'air sec et chaud, ni l'incubation à l'air chaud et humide (p. 29); ni l'extrême sécheresse, ni la feuille mouillée, même avec un quart d'alcool (p. 51); ni le défaut de soins dans l'éducation, ni les moisissures des litières, ni l'accumulation des vers, ni le manque d'air dans

_____

(1) *Études sur la muscardine*, *maladie des vers à soie*, faites à la magnanerie expérimentale de Sainte-Tulle. Marseille, 1848, page 21.

les magnaneries (p. 77), rien ne peut produire la muscardine. Elle ne peut naître spontanément : pour que les vers
en soient infectés, il faut nécessairement qu'ils reçoivent,
d'une manière quelconque, les sporules ou graines de cryptogame (p. 74); et, lorsque ce germe fait défaut, l'éducation
la plus mal soignée, la plus tourmentée ne saurait produire
spontanément le fléau (p. 165). Ce n'est pas que le défaut de
soins hygiéniques, de propreté et d'aération dans les magnaneries soit une chose indifférente ; mais ces mauvaises pratiques, tout en donnant aux vers à soie plusieurs autres maladies très-désastreuses, n'ont aucune influence sur la
muscardine, ou, si elles en ont une quelconque, c'est tout
simplement d'en augmenter les ravages (p. 77).

C'est donc dans la graine du Botrytis qu'il faut reconnaître la cause de la muscardine ; mais le contact des vers
n'est pas contagieux, tant que le végétal est encore en herbe,
avant qu'il ait mûri ses sporules (p. 75). « Il est très-probable que la graine de la muscardine est surtout conservée
dans les ateliers infectés, même dans ceux qui sont le mieux
tenus, par les vers qui meurent après la montée sur les
bruyères. Au décoconnage, quand on enlève le cocon, les
individus qui ont blanchi, dont la graine a eu le temps d'arriver à maturité, et qui étaient restés accrochés sur les bruyères, répandent des nuages de poussière ou sporules qui conservent le principe du mal pour les années suivantes. On
peut attribuer à une cause analogue l'infection des villages,
des contrées entières. Comme chacun jette ses bruyères par
les fenêtres de l'atelier, balaye la chambre infectée de muscardine et en fait sortir la poussière, il est certain que les
nombreuses graines de cryptogame sont emportées par les
vents et transmettent la maladie à de grandes distances
(p. 75).

« Il n'est pas toujours nécessaire qu'un animal soit atteint
d'une maladie, pour que les agents naturels, animaux ou végétaux, viennent se développer sur lui, ou dans son intérieur
(p. 60). » Au contraire, le *Botrytis Bassiana* « ne peut se

développer que dans le corps des vers ou d'autres insectes, vivants, très-sains et très-vigoureux (p. 72).» Il refuse même les malades : « deux vers *courts*, inoculés de la même manière, sont morts, et se sont décomposés sans présenter la moindre trace de muscardine. Cette expérience n'indiquerait-elle pas que l'état de ver *court* peut être considéré comme une maladie qui s'oppose au développement de la cryptogame (p. 62)? » « Des vers atteints d'autres maladies (arpians, flats, lujettes, jaunes ou gras) ne meurent pas muscardins, quand on a projeté sur eux la semence muscardinique ; ils semblent impropres à sa végétation, et, quand ils succombent à leur maladie, ils restent mous et tombent bientôt en putréfaction (p. 73). »

« Quand ces graines tombent sur un ver à soie, elles sont probablement absorbées par les pores de la peau, ou par les organes de la respiration, et pénètrent ainsi dans son corps. La germination ou incubation de ces graines est d'autant plus rapide, que les vers à soie sont dans un âge plus avancé. Ainsi, par exemple, six à huit jours ont suffi, dans le cinquième âge, pour amener la mort des vers infectés artificiellement (p. 72). »

« Les vers sur lesquels on a soufflé la semence muscardinique ne présentent aucun signe de la maladie; ils mangent avec la même avidité et meurent subitement sans s'être amaigris ni décolorés : il en est de même quand on les inocule avec cette semence (p. 73). »

Ils distinguent deux phases dans la muscardine, l'une avant, l'autre après la mort. « Dans la première phase, une fois que le mal a été inoculé, il suit son cours, quelles que soient les conditions où se trouvent les vers, soit qu'on les mette dans un atelier bien tenu, soit dans un atelier mal tenu ; soit qu'on les accumule beaucoup trop, soit qu'on les espace librement; soit à l'humidité, soit à la sécheresse ; soit dans un lieu enfermé, soit à l'air libre; mais, dans la deuxième phase, il en est tout autrement; une fois que les verts muscardinés sont morts, la mauvaise tenue des ateliers, la trop grande accumulation et surtout l'excès d'humidité sont très-redoutables, en amenant promptement le développement de la cryptogame à l'extérieur des cadavres, la maturité complète des sporules, et, par suite, une contagion immédiate pour tous les vers qui n'avaient pas d'abord été atteints (p. 74). » Mais si d'un côté « l'humidité dans les magnaneries augmente les chances d'infection, en favorisant la floraison et surtout la fructification du botrytis (p. 76), » de l'autre côté la sécheresse retarde, affaiblit ou empêche le développement et la fructification de la cryptogame. « Lorsqu'on place un ver muscardiné sur une table ou sur une fenêtre à l'air très-sec, le corps du ver diminue énormément de volume par la dessiccation, il se raccourcit, sa peau se durcit, et, lors même que la sécheresse n'aurait pas fait périr le végétal parasite, il ne pourrait percer la peau pour végéter à l'extérieur et fructifier (p. 63). » Dans un cas, ils ont vu, sur un ver muscardiné, de petites taches ou bosses d'un blanc plus vif, qui ne blanchissaient point les doigts : c'étaient des sporules germées, en état de moisissure fraîche, en herbe, qui représentaient une nouvelle génération de botrytis, une seconde récolte dans la même année (p. 171).

Ils n'ont pu fixer leurs idées sur la durée de la puissance germinative des sporules : ils croient cependant que « cette durée est inégale, et cela, par suite de certaines conditions atmosphériques que nous ne pouvons pas encore suffisamment apprécier (p. 44) : » et par quelques expériences ils croient être parvenus « fortuitement à cette importante découverte, que la muscardine, dans certaines circonstances données, quoiqu'à nous inconnues, peut perdre complétement sa faculté reproductive. C'est ce qui explique la désinfection subite, naturelle, et jusqu'ici inexplicable, de certaines magnaneries infectées depuis longtemps (p. 149). »

Quant au traitement, ils ont constaté que le transport des vers d'une magnanerie infecte dans une autre qui n'a jamais eu de muscardine n'arrête pas la maladie, mais que la mortalité continue, sans toutefois augmenter (p. 76) ; et que les vers sains, nourris de feuille mouillée ou saupoudrée de sulfate de cuivre en dissolution ou en poudre, meurent de pourriture en moins de douze jours (p. 153).

Ils distinguent en deux catégories les agents désinfectants : ceux qui ne mouillent pas les sporules, et ceux qui les mouillent. Ils comptent parmi les premiers les acides et les alcalis ; parmi les autres, les huiles grasses et essentielles. C'est de cette faculté que dépend l'action des substances employées pour leur désinfection ; car les plus énergiques deviennent impuissantes, si les sporules ont le moyen d'échapper à leur contact.

Il semble cependant que leurs expériences sur les fumigations de chlore et d'acide sulfureux aient donné des résultats satisfaisants (p. 174); mais c'est principalement dans l'essence de térébenthine et surtout dans ses vapeurs qu'ils ont mis la plus grande confiance (p. 133).

Depuis 1848, il faut quitter M. Eugène Robert, et suivre M. Guérin-Méneville, lui seul, qui a modifié sa manière de voir à l'égard de la muscardine, comme il résulte des articles publiés dans la *Revue de zoologie* en 1849, dans les *Annales de la Société séricicole* en 1850, et autres. D'abord à la génération nécessaire du botrytis et de ses sporules il substitua la génération spontanée par transformation des éléments organiques du sang de l'insecte. « En étudiant la composition intime du sang du ver, il crut avoir assisté à la transformation de la matière vivante élémentaire animale dans un végétal ; il aurait vu certains corpuscules, constituant, à son avis, la portion intérieure et vivante des globules sanguins devenir les racines du *Botrytis Bassiana*, c'est-à-dire de la cryptogame qui constitue la maladie connue sous le nom de muscardine (1). » Dans ses expériences sur la muscardine, en 1850, il a suivi les changements qui arrivent dans le sang des vers atteints naturellement ou artificielle-

---

(1) Faute du mémoire original de M. Guérin-Méneville, j'emprunte cette citation à M. Vittadini, *della Natura del calcino*. Milano, 1852, page 34.

ment de la muscardine. Dans la première heure de l'infection, il n'a rien vu de remarquable. « Quelques heures plus tard, on voit apparaître les hæmatozoïdes (les corpuscules animés), qui deviennent de plus en plus nombreux à mesure que la quantité des globules normaux diminue. Un peu plus tard, on commence à reconnaître des inégalités dans le volume des hæmatozoïdes ; ces inégalités deviennent de plus en plus grandes, et l'on arrive ainsi, par des gradations insensibles, à une époque où chaque hæmatozoïde devient un véritable thallus ou racine muscardinique (1).

Sans connaître la prétendue découverte de M. Grassi, il arriva, par une voie différente, au même résultat, et, d'après ces études anatomico-physiologiques, il a été conduit à établir comme une loi naturelle la terminaison à l'état muscardinique des papillons qui ont accompli toutes les phases de leur existence, en d'autres termes l'invasion du botrytis comme terme naturel de la vie du ver à soie et peut-être de tous les lépidoptères. Il a constaté cet état muscardinique du sang aussi bien chez des papillons provenant d'éducations où la muscardine s'était montrée que chez des sujets pris dans de petites éducations faites dans des magnaneries admirablement tenues où l'on n'a jamais vu un seul muscardin (2). Il est donc bien difficile de garantir les magnaneries de ce fléau, car c'est « précisément au moment où l'on fait la graine que la muscardine se développe dans tous les papillons qui n'ont pas été atteints par d'autres maladies. » La moindre imprudence, quelques femelles tombées sur un sol un peu humide, dans les coins où l'air ne circule pas, font naître des myriades de sporules qui, tombant sur les œufs produits, suffisent pour leur donner le germe de la maladie, pour faire développer le ferment muscardinique chez les vers qui en proviendront à une époque

---

(1) *Annales de la Société séricicole*, 14e vol., ann. 1850. Paris, 1851, page 195.

(2) *Ibid.*, page 195.

prématurée, avant le moment où elle se crée normalement (**1**).

Mais le dernier mot de M. Guérin-Méneville sur la muscardine a été prononcé, le 9 janvier 1856, devant la Société impériale et centrale d'agriculture ; après plus de dix ans d'études, qui l'ont conduit à modifier ses convictions, il est « arrivé à admettre aujourd'hui :

« 1° Que la muscardine est simplement l'une des maladies qui attaquent les vers à soie quand ils sont élevés dans de mauvaises conditions, par des mains inhabiles et sous l'empire de la routine ; qu'elle n'est pas plus contagieuse que les autres maladies dont les ravages, dans les magnaneries, sont aussi considérables, et que le *botrytis* n'en est que le symptôme ou la terminaison ;

« 2° Que cependant, lorsque des fragments ou des propagules de cette production sont inoculés chez des vers à soie placés dans des conditions peu hygiéniques, mais qui ne seraient pourtant pas assez mauvaises pour leur donner la maladie, elles peuvent agir comme un ferment et déterminer alors l'invasion du mal sur des sujets auxquels il ne restait qu'à peine assez de forces vitales pour résister aux influences produites par les mauvaises conditions dans lesquelles ils étaient placés. »

« Il résulte donc, suivant moi, dit-il, de ce qui précède, que le seul remède efficace jusqu'ici contre cette terrible maladie consiste dans l'application des grandes lois de l'hygiène; que, lorsqu'un éducateur élèvera les vers à soie provenant de graines bien faites, bien conservées et bien incubées, dans un local disposé convenablement pour que l'aération soit complète, sans brusques transitions de température et sans courants d'air; lorsqu'il ne les entassera pas trop dans un espace insuffisant; lorsqu'il les tiendra dans un état de propreté constant, en multipliant les délitements, surtout aux époques si critiques des mues; lorsqu'il veillera enfin avec

---

(1) *Journal d'agriculture pratique*, 5 avril 1851.

intelligence au choix et à la préparation de leur nourriture, il évitera non-seulement les atteintes de la muscardine, mais encore toutes les autres maladies qui déciment trop souvent nos magnaneries. »

« Il en résulte encore que, dans certaines circonstances où l'effet des mauvaises conditions dans lesquelles se trouve une éducation n'est pas assez intense pour que les vers à soie ne puissent y résister, l'invasion de la muscardine peut être déterminée par la présence, dans l'atelier, des propagules du *botrytis* tombant sur ces vers presque malades, et préparés ainsi à admettre ce ferment, qui aurait été repoussé et serait demeuré inactif sur d'autres vers moins disposés à la maladie. »

« Il est donc bon et utile de chercher à détruire ces propagules du *botrytis*, si elles peuvent, dans certains cas, déterminer l'invasion de la muscardine ; les fumigations d'acide sulfureux employées de tout temps, les lavages au sulfate de cuivre, ceux à l'acide sulfurique étendu d'eau, proposés par M. Raibaud-l'Ange, et jusqu'à l'emploi du feu, cité par M. de Gasparin, qui l'a vu appliqué dans une pièce voûtée et construite en pierre, me paraissent avantageux. Mais le remède véritable, qui est en même temps l'un des meilleurs procédés pour arriver à l'amélioration des races, c'est, en définitive, l'application, faite avec discernement, des lois de l'hygiène : c'est, je ne saurais trop le répéter, une bonne graine bien conservée et ensuite bien incubée, une bonne aération des ateliers; une bonne nourriture choisie et donnée dans des conditions convenables (1). »

VITTADINI. Enfin nous arrivons à M. C. Vittadini, qui a publié deux mémoires sur la muscardine très-riches en observations et en expériences faites avec le plus grand soin.

Il commence par la description du *botrytis*, et y distin-

---

(1) *Guide de l'éleveur de vers à soie*, par MM. F. E. Guérin-Méneville et Eugène Robert. Paris, 1856, page 79.

gue les filaments radicaux ou *thallus*, qui, réunis ensemble
et entrelacés constituent le *mycelium* ; et les filaments libres
ou *fructifères*, qui fournissent les *sporules* ou séminules de la
plante. Il reconnaît cependant que quelquefois il n'y a pas
cette distinction, et « les nouveaux filaments qui se développent des sporules botrytiques viennent bientôt à la surface
du liquide, se changent, sans se ramifier, en rameaux fructifères, de telle sorte qu'un filament constitue en même
temps, le thallus et l'efflorescence (1). » Les sporules sont
formées « par les granules sphériques qu'on observe dans
l'intérieur des filaments pendant le travail de la fructification. Ces sporules sortent libres et parfaitement isolées de
l'extrémité des rameaux et des ramuscules qui le renferment... et les filaments se dessèchent, et sous le poids des
sporules se réduisent en petits fragments à peine visi-
bles. » Le botrytis ne se propage pas uniquement par ses
sporules : « Lorsqu'elles germent dans un liquide, à la surface duquel, par des circonstances particulières, ses filaments fructifères ne peuvent pas se développer librement et
rapidement, elles se multiplient dans le liquide même à la
manière des infusoires, en le remplissant d'yeux ou de bul-
billes particulières, appelées conidies (*conidia*), destinées à
se transformer elles-mêmes en véritables thallus botrytiques (p. 7). » Après avoir remarqué la grande facilité avec
laquelle les sporules botrytiques germent dans plusieurs
liquides, même dans les huiles d'olive et d'amandes douces,
quoiqu'elles y végètent très-mal, il fait observer que la
putréfaction, qui est une condition favorable à la végétation
des autres mucédinées, est défavorable et nuisible à la végétation du *Botrytis Bassiana* (p. 9).

Voici la théorie de M. Vittadini. Ou par la voie des téguments, ou par la voie des stigmates et des trachées, ou par
la voie de l'estomac, les sporules botrytiques pénètrent dans
le sang. Le temps employé dans ce premier pas de la mala-

---

(1) Della Natura del calcino o mal del segno. Milano, 1852, page 7.

die est la période d'*incubation*. Parvenues dans le sang, les sporules germent et croissent, de sorte que tout le sang en est envahi et altéré; et, quand le botrytis a envahi partout avec ses thallus et modifié par sa présence le liquide circulant de l'individu infecté, survient la mort. Le temps employé par les sporules à germer et à croître, jusqu'à envahir et altérer tout le sang, constitue la durée de la maladie. Cette durée est variable selon le degré de température, l'état de larve, de chrysalide ou de papillon, la quantité de sang et l'état de santé de l'insecte.

Il démontre que les altérations chimiques des solides et des liquides, surtout l'acidité du sang, sont l'effet et non la cause de la maladie (p. 38) ; que la génération spontanée du botrytis est contraire aux observations et aux expériences les plus exactes et diligentes; que le développement naturel de cette plante sur les papillons après leur mort, comme loi de leur organisation, est démenti par les observations et les expériences; que les prétendus hæmatozoïdes de M. Guérin-Méneville ne se transforment jamais en thallus botrytiques; que les germes botrytiques innés dans le ver sont une hypothèse contraire à toutes les lois de l'organisation, et qui n'est soutenue par aucun fait; que les altérations organiques et chimiques du ver, produites par des causes communes, ne peuvent jamais constituer une condition capable de déterminer la muscardine.

Le deuxième mémoire (1) de M. Vittadini regarde le traitement de la muscardine. Il se propose d'en détruire les germes et d'en empêcher la reproduction. Il divise les moyens destructeurs des germes botrytiques en deux catégories, les liquides et les gaz. Il fait mention de la chaux, de la potasse, de la soude, du sel marin, du sel ammoniac, du sulfate de cuivre, du nitrate de plomb, de l'acide nitrique, de l'acide sulfurique, de l'huile essentielle de térében-

(1) Dei mezzi di prevenire il calcino o mal del segno nei bachi da seta. Milano, 1853.

thine, etc. ; mais il ne s'en montre pas assez satisfait, soit parce qu'ils sont trop chers, soit parce qu'ils sont d'une application difficile. Parmi les substances à l'état gazeux, il passe en revue le chlore, l'acide hypoazotique, l'acide chlorhydrique, l'acide sulfureux et la fumée de bois; et c'est aux deux derniers qu'il s'arrête ; mais c'est principalement sur la fumée de bois qu'il compte beaucoup. Nous nous réservons d'en parler plus en détail, quand nous aurons à nous occuper du traitement de la muscardine.

CORNALIA. M. Cornalia a publié un travail très-remarquable sur le ver à soie, surtout sous le rapport anatomique. Dans la partie pathologique, au sujet de la muscardine, il partage presque en entier les vues de son compatriote M. Vittadini (1).

---

(1) **Monografia del Bombice del gelso. Milano, 1856.**

DEUXIÈME PARTIE.

ESSAI THÉORIQUE ET PRATIQUE

SUR LA MUSCARDINE.

CHAPITRE PREMIER.

DESCRIPTION DE LA MUSCARDINE.

Idée de la maladie.

Il y a très-peu de maladies dont on puisse exprimer complétement l'idée par la formule abrégée d'une définition rigoureuse; mais l'ensemble des caractères constitutifs les plus essentiels peut en présenter une description raisonnée et en fournir une idée claire et distincte. Si donc l'on veut savoir en peu de mots ce que c'est que la muscardine, on doit dire que c'est une *maladie contagieuse du ver à soie, déterminée par le développement d'une mucédinée qui en absorbe tout le suc, le tue, et se montre au dehors sur les téguments d'une manière plus ou moins apparente.* D'où l'on peut déduire que les caractères principaux de cette maladie sont au nombre de trois, deux étiologiques, le troisième symptomatologique; c'est-à-dire la nature contagieuse, la mucédinée qui végète au dedans et au dehors du ver, et les phases de la végétation qui correspondent aux phases de la maladie. Ces caractères sont assez saillants pour qu'on puisse distinguer la muscardine de toutes les autres maladies du ver à soie.

Cette maladie, qu'on appelle, en Italie, *calcino, calcinaccio, mal del segno,* a été nommée aussi *dragée,* mais on peut faire une différence entre la *dragée* et la *muscardine :* celle-

ci serait la maladie développée dans toutes les périodes du
ver en état de larve; celle-là serait la même maladie reçue
par la larve peu de temps avant sa maturité, et développée
sur le ver en état de chrysalide.

Symptomatologie.

En parcourant les différents écrits sur la muscardine, on
ne peut pas parvenir à réunir un ensemble de symptômes
assez caractéristiques pour en constituer une forme de maladie qu'on puisse distinguer de toutes les autres maladies
du ver à soie; et, à mon avis, c'est plus la faute des observateurs que de la maladie elle-même. Quelques auteurs ont
donné pour symptômes de la muscardine des phénomènes
qui ne se montrent que sur le cadavre du ver; d'autres lui
attribuent des symptômes tout à fait opposés à ceux qui lui
appartiennent; le plus grand nombre assure que le ver
est frappé d'une mort subite sans donner aucun signe de
souffrance; personne, que je sache, n'a tracé une histoire
exacte et détaillée des changements qui surviennent pendant la vie du ver, depuis qu'il est surpris par la muscardine
jusqu'à sa mort.

En effet, on lit dans Boitard : « Les vers qui en sont atteints commencent par se couvrir de *points noirs* (1) sur
différents endroits du corps, ou de taches livides et noirâ-
tres affectant particulièrement la région des stigmates, bientôt après, d'un jaune d'ocre ou d'un rougeâtre tirant sur la
cannelle. L'insecte meurt, etc. (2). » M. T. M. dit « qu'on
voit d'abord paraître, sur le corps des vers, de petites taches
pétéchiales d'un rouge vineux qui grandissent peu à peu,
deviennent confluentes, jusqu'à ce que tout soit d'un rouge

---

(1) Il est clair qu'on a confondu ici les symptômes de la *gangrène
noire*, ce qu'on appelle, en Italie, *negrone*, avec les symptômes de la
muscardine.

(2) *Traité de la culture du Mûrier et de l'éducation des vers à soie.*
Paris, 1828, page 205.

uniforme plus foncé que celui des taches primitives. Pendant que ces signes se manifestent, les vers perdent leur faculté locomotive, s'arrêtent, etc. (1). » M. Lambruschini assure que « les vers attaqués de cette maladie sont tachés quelquefois d'une teinte rouge vineuse, même avant d'y succomber (2). » D'où il résulte que M. Boitard, M. le collaborateur de la *Maison rustique*, et M. Lambruschini, ont présenté comme symptôme, et presque le seul symptôme de la muscardine, les taches vineuses qui ne se rencontrent que sur le cadavre, et même quelque temps après la mort.

D'autres se sont tirés d'affaire en tranchant un peu trop franchement la question, et ont déclaré que la maladie n'a pas de symptômes, que les vers en meurent subitement. « Le ver à soie qui doit succomber à la muscardine, dit M. J. B. Robert, ne présente aucun phénomène pendant la vie, qui puisse faire supposer, en l'examinant, qu'il porte en lui le germe de cette terrible affection ; il mange, et il se meut comme les autres vers (3). » Les paroles de M. Guérin-Méneville ne sont pas moins explicites. « Au moment de la mort des vers, dit-il, l'œil le plus exercé a beaucoup de peine à les distinguer des vers vivants ; leur coloration est tout à fait la même, ainsi que leur forme ; ils conservent l'apparence de la santé la plus brillante. La mort même paraît si *subite*, que nous avons vu souvent des vers montant sur la feuille que nous venions de leur donner, commencer à la manger, s'arrêter tout à coup, et rester morts sans avoir donné le moindre signe de souffrance (4). » M. Vittadini et M. Cornalia ne reconnaissent pas à cette maladie de symptômes capables de la caractériser, de façon qu'on peut considérer comme subite la mort des vers. « L'apparition des *conidies* et des rudiments de *thallus* botrytiques dans le sang du ver à soie serait le premier symptôme de la muscardine ;

(1) *Maison rustique du* XIXᵉ *siècle*, tome 3ᵉ, page 145.
(2) Del Modo di custodire i bachi da seta. Firenze, 1854, page 228.
(3) *Annales séricicoles*. Ann. 1847, page 188.
(4) Charrel. — *Traité des magnaneries*. Paris, 1848, page 127.

avant, il est impossible de la reconnaître, parce que le ver malade ne présente aucun autre symptôme qui puisse faire soupçonner en lui la muscardine (1). » Et ailleurs : « La circulation se ralentit, puis s'arrête tout à fait, et le ver meurt subitement comme frappé de syncope (2). » Et ailleurs : « Le matin, ont succombé presque tous, comme frappés par la foudre, les 30 vers du cinquième âge, etc. (3). »

Le langage de M. Cornalia n'est pas différent de celui de M. Vittadini. « Le seul symptôme possible de la mort prochaine du ver ne peut être obtenu qu'en tirant du ver une goutte de sang et en l'observant au microscope. Dans ce cas, selon M. Guérin-Méneville, on pourrait apercevoir la métamorphose des globules sanguins et ses prétendus hæmatozoïdes; et, selon M. Vittadini (et c'est la vérité), on peut voir les conidies, c'est-à-dire ces productions végétales particulières qui proviennent de la végétation primitive des sporules botrytiques qui font elles-mêmes le point de départ pour la formation des *thallus*. » Et puis après : « Quoique sa fin s'approche, quoique le germe de la maladie qui le tuera circule déjà dans ses viscères, la santé du ver se montre florissante (4). » Ainsi M. J. B. Robert, M. Guérin-Méneville, M. Vittadini et M. Cornalia ne reconnaissent pas de symptômes dans la muscardine ; les vers en mourraient subitement, ce qui est contraire à mes observations (5).

J'ai cherché, dans d'autres auteurs, une description de la muscardine ; mais je n'y ai trouvé qu'une narration, plus

---

(1) Della natura del calcino o mal del segno. Milano, 1852, page **16**.

(2) *Ibid.*, page 17.

(3) *Ibid.*, page 45.

(4) Monografia del bombice del gelso. Milano, 1856, page 335.

(5) Il faut avouer que dans d'autres passages de ces mêmes auteurs, qui donnent comme subite la mort des vers pris de la muscardine, on trouve des arguments pour croire que la mort des vers muscardinés n'est pas aussi subite qu'ils le déclarent; car ils parlent d'incubation, de durée de la maladie, et même de quelques symptômes. Mais de cette contradiction, ou au moins de cette incertitude, on peut déduire qu'ils n'ont aucune idée nettement arrêtée sur la symptomatologie de cette maladie.

ou moins exacte et détaillée, des changements qui se manifestent sur le corps des vers muscardinés après leur mort : ce n'est pas de la pathologie, mais de l'anatomie pathologique, et une anatomie pathologique tout à fait extérieure. Dans l'été de 1834, j'avais fait quelques recherches sur la forme nosographique de la muscardine, et j'en avais publié un essai (1) ; mais je n'en étais pas content. Je poursuivis mes études sur ce sujet pendant l'été suivant, et dans une note présentée par M. Montagne à l'Institut impérial des sciences j'en annonçai les résultats (2). Dans la saison qui vient de s'écouler, j'ai continué les mêmes recherches, et, après bien des observations et des expériences, je me crois en état de tracer la symptomatologie de la muscardine et de signaler les différentes modifications de formes produites par la diversité des circonstances. Mais, afin qu'on puisse bien juger tout ce qui va suivre sur cet argument, je dois prévenir les lecteurs que mes observations ont été faites sur des vers auxquels j'ai communiqué artificiellement la muscardine, et que le moyen de communication que j'ai adopté a été le plus simple et le plus analogue à l'infection naturelle : j'ai mêlé aux vers sains du cinquième âge les cadavres de vers muscardinés, et, toutes les fois que j'ôtais la litière, je laissais toujours les vers sains mêlés aux muscardinés ; mais à peine je m'apercevais d'un commencement de malaise dans les vers, je les mettais dans une boîte à part pour les étudier plus à mon aise.

De toutes mes observations, j'ai pu conclure que la muscardine a une forme nosographique qu'on peut prendre comme type auquel, comme un point de départ, on peut rapporter toutes les formes différentes qui tiennent à des circonstances accidentelles et en constituent des variétés. Je vais présenter comme type la description de la muscardine

(1) Della coltivazione del gelso et del governo del filugello. Torino, 1854, page 212.
(2) *Compte rendu des séances de l'Académie des sciences*, tome XLI. Séance du 15 novembre 1855.

qui se développe et marche régulièrement dans ses périodes sur le ver du cinquième âge ; puis j'indiquerai les modifications de formes déterminées par les différentes conditions d'âge, d'état de chrysalide ou de papillon, de violence ou de faiblesse du principe contagieux, de complication avec d'autres maladies, etc. Ainsi j'espère que la symptomatologie de la muscardine ne laissera pas beaucoup à désirer.

Forme de la muscardine dans le ver du cinquième âge.

Lorsque la muscardine se développe dans le ver parvenu à son accroissement complet, sans que d'autres circonstances accidentelles en altèrent le développement et la marche, elle se révèle par une série de symptômes qui s'aggravent et se multiplient successivement, de façon qu'on peut en établir trois périodes différentes qui correspondent à trois différents degrés de développement et de diffusion de la mucédinée qui en est la cause.

Première période. Le premier indice qui annonce dans le ver le soupçon de la muscardine, c'est l'anorexie. Ce n'est pas qu'il cesse tout à fait de manger ; mais il se soucie très-peu de chercher son aliment ; il monte lentement sur la feuille, il en ronge un peu, puis la quitte et s'arrête. C'est pour cela que sa peau ne se montre plus distendue et luisante par la grande quantité de feuille dévorée. Son corps paraît un peu aminci ; son blanc devient un peu mat, et le doigt qui le presse le trouve un peu moins résistant et moins élastique. Dès le début de la maladie, le ver se montre paresseux et engourdi ; ses mouvements sont plus lents que de coutume, et souvent il reste longtemps immobile à sa place. Il a beaucoup perdu de sa force musculaire, comme on peut le voir en cherchant à le détacher des rameaux auxquels il se tient accroché par les nombreuses griffes de ses pattes postérieures. Sa sensibilité aussi devient plus obtuse, de manière qu'il ne réagit que très-faiblement aux stimulations. Les pulsations du vaisseau dorsal ne sont pas encore sensiblement altérées.

Deuxième période. La maladie s'aggrave, l'anorexie augmente et le ver ne touche plus à la feuille. Le volume de son corps est sensiblement diminué; et, quand on le presse avec le doigt, on trouve encore moindre cette force de réaction dans les anneaux du ver, qui, en se contractant vigoureusement dans les sains, donnent l'idée d'un corps résistant et élastique; au contraire, son corps est mou, et il semble qu'on touche un corps pâteux. Il perd cette apparence de fraîcheur et de demi-transparence, et il acquiert une teinte mate et uniforme; et même dans les interstices des anneaux on ne voit plus cette teinte légèrement verte qu'on aperçoit dans les sains. La sensibilité et la contractilité sont encore plus affaiblies; et dans cette période il affecte très-souvent une posture particulière. Quelques-uns, mais en très-petit nombre, s'appuient sur la claie de toute la partie postérieure du corps, et relèvent et tournent en arrière la partie antérieure à commencer du deuxième anneau abdominal, et forment une espèce d'arc (fig. 1); d'autres, et c'est le plus grand nombre, gisent étendus de tout leur long sur la claie, mais leur thorax est raccourci et contracté, et leur tête, tournée en haut, reste enveloppée et à demi recouverte dans les plis des anneaux thoraciques (fig. 2). Ces deux postures ne sont pas particulières et exclusives de la muscardine: on voit très-souvent la première dans les vers qui viennent de quitter leur peau à la troisième et à la quatrième mue; et l'autre se rencontre presque toujours, quoique moins saillante, dans les vers qui vont s'endormir et muer, et dans ceux qui sont engourdis par un abaissement notable de température. Pendant quelque temps ils demeurent immobiles dans cette posture, tout à fait indifférents à tout ce qui se passe autour d'eux. Les battements du vaisseau dorsal ne sont pas encore sensiblement altérés, si ce n'est qu'ils sont devenus un peu plus fréquents.

Troisième période. Cette troisième période est caractérisée

par l'abattement complet du ver, qui donne à peine quelques
signes de vie. Ses téguments sont flasques et un peu ridés. Il
est affaissé et a perdu presque toute son élasticité, de manière
que, en le pressant avec le doigt, il paraît qu'on touche une
vessie imparfaitement remplie de liquide. Sa sensibilité et sa
contractilité sont presque éteintes. Il arrive assez souvent
de voir sortir de sa bouche quelques gouttes d'un liquide
clair, verdâtre, gélatineux. Les battements du vaisseau dorsal sont, sans contestation, plus fréquents et accélérés ; j'en
ai compté jusqu'à cinquante dans une minute, tandis que
dans les vers sains ils ne dépassent jamais quarante (1).
Mais, ce qui m'a frappé le plus, c'est un mouvement très-
marqué de contraction que l'on observe sur l'anneau qui
précède l'appendice corniculaire; contractions synchrones
aux battements du vaisseau dorsal, qu'on serait tenté de regarder comme les angoisses de la mort. Peu après, les battements du canal s'arrêtent, les contractions cessent, et le
ver est mort.

Modifications et variétés de la muscardine.

Dans la description que je viens de faire de la muscardine,

(1) Dans trois des auteurs les plus distingués qui se soient occupés de
muscardine, M. Robinet, M. Vittadini et M. Cornalia , je trouve, en ce qui
regarde les battements du vaisseau dorsal, une observation parfaitement
contraire à la mienne. On lit dans le *Manuel de l'éducateur des vers à
soie* de M. Robinet, page 229, que, « quand des vers sains sont atteints de
la muscardine, on ne remarque pas d'abord en eux de caractères bien dis-
tinctifs , si ce n'est le *ralentissement progressif*, puis l'extinction totale
des battements du vaisseau dorsal. » Dans le mémoire de M. Vittadini ,
Sulla natura del calcino o mal del segno, page 17, on lit : « L'approche
de la mort dans le ver affecté de muscardine est indiquée par le ralentissement des pulsations du vaisseau dorsal. » M. Cornalia , enfin , assure que
« les pulsations du canal dorsal deviennent plus languissantes.» M. Grassi,
seulement , fait allusion à une plus grande *concitation* dans les pulsations
du vaisseau dorsal. Il paraît que tous se sont reposés sur la parole de
M. Nysten , qui disait avoir observé , comme phénomène constant de la
muscardine, « un ralentissement très-marqué des battements du vaisseau
dorsal. » (Recherches sur les maladies des vers à soie et les moyens de
les prévenir, page 3.)

j'ai cherché à donner une idée de la maladie dans sa forme la plus simple et la plus tranchée ; mais, dans bien des circonstances, soit par des conditions intérieures, soit par des conditions extérieures au ver à soie, les symptômes en sont plus ou moins modifiés, et la marche de la maladie plus ou moins changée. Dans ces cas, il est encore plus difficile de la reconnaître.

En effet, une grande modification doit être déterminée par la quantité de matière contagieuse, c'est-à-dire le nombre de sporules botrytiques qui s'insinuent dans le corps du ver. Plus tard, j'aurai l'occasion de montrer que la voie la plus ordinaire, si ce n'est pas l'unique voie d'infection, est l'estomac, sur les parois duquel les sporules germent, s'enracinent et se développent d'une manière étonnante ; or c'est une conséquence naturelle et spontanée, qu'un plus grand nombre de sporules, donnant origine à une forêt très-épaisse de botrytis dans l'estomac du ver, imprimera une forme plus tranchée à la maladie, en rendra la marche plus rapide, et tuera, en peu de temps, le ver. Lorsque, au contraire, la maladie est produite par un petit nombre de sporules, les touffes de botrytis seront plus claires, le ver en sera moins incommodé, les symptômes plus douteux, les formes plus équivoques, la durée plus longue, et la mort viendra plus tard.

Les conditions intérieures du ver influent puissamment sur la forme, la marche et la durée de la muscardine. Nous verrons, ensuite, la part que les causes qu'on appelle prédisposantes ont dans le développement de la maladie ; il nous suffit, ici, de noter que, par les différentes infirmités du ver, la forme de la muscardine, qui serait simple, devient compliquée. Ainsi, les vers qu'on appelle *passis*, ceux qui sont attaqués par la *gangrène noire*, sont souvent surpris aussi par la muscardine, qui présente alors une forme compliquée, tellement qu'il est très-difficile, impossible même de la reconnaître avant qu'elle se révèle après la mort du ver par les altérations cadavériques qui sont propres et exclusives de cette singulière maladie. Une blessure qui produit une perte de sang assez sensible apporte aussi d'importantes modifications sur la marche de la maladie et sur les altérations cadavériques ; mais, en général, toutes ces causes ont cela de commun que la violence de la maladie est moindre, sa forme plus obscure et sa marche plus lente ; c'est probablement parce que le ver, déjà malade, mange bien moins que le sain, et, partant, la quantité de sporules qu'il avale, mêlées aux feuilles, ne peut être que très-petite.

La manifestation de la maladie est influencée aussi par l'âge du ver, car, si, dans le quatrième âge, on rencontre assez souvent la forme de la muscardine précise et distincte, presque comme dans le cinquième, bien plus souvent encore on la trouve faible et obscure ; et, dans les trois premiers âges, il est presque impossible de la découvrir, même dans son développement complet. On peut dire, en général, que la forme de la maladie perd toujours de précision et de netteté au fur et à mesure que des derniers on recule vers les premiers âges du ver.

Il arrive très-souvent que le ver, déjà mûr et tout prêt à filer son cocon, est infecté de la muscardine, et, quoiqu'il porte dans ses viscères les germes de sa mort, poussé par un instinct irrésistible, travaille à son cocon plus ou moins longtemps et meurt à une période plus ou moins avancée de sa métamorphose. Tantôt c'est un voile transparent, à travers lequel on voit distinctement le ver ; tantôt c'est un cocon faible et léger, mais assez épais pour cacher le ver à la vue ; d'autres fois, enfin, c'est un cocon parfaitement travaillé, comme si le ver n'avait jamais été malade. Il est très-difficile de reconnaître la maladie dans cette période de la vie du ver ; mais on peut en avoir quelque soupçon quand le ver, déjà mûr, ne se montre pas empressé à monter au bois, quand il travaille lentement à son cocon et s'arrête de temps en temps dans son œuvre, et le soupçon devient encore plus fondé, si les dernières déjections du ver, qui restent enveloppées dans sa bave tout autour du cocon, ont une teinte jaune ou peu foncée, et devient enfin un fait assuré lorsque, en les observant au microscope, on y découvre des sporules et des filaments de botrytis, qui, placés dans les conditions convenables, laissent germer et développer la fatale mucédinée.

Si le ver n'a pas dans ses viscères les germes de la muscardine, à peine est-il renfermé dans sa niche, qu'il ne peut plus en être saisi à l'état de chrysalide. Cette garantie ne lui vient pas de son changement d'état, mais du cocon, qui empêche que les sporules de botrytis ne parviennent jusqu'à lui ; car, si l'on ouvre le cocon et qu'on verse sur la chrysalide la poussière des vers muscardinés, on produit en elle la même maladie que sur les vers. Mais, puisque la forme des maladies se compose de manifestations vitales altérées, et que les manifestations vitales du ver à l'état de chrysalide sont très-obscures, il en résulte naturellement que la forme de la muscardine est très-obscure dans la chrysalide, qu'elle passe inobservée, et que la chrysalide se trouve déjà morte avant qu'on puisse s'apercevoir de sa maladie.

Le papillon, avant qu'il sorte de sa niche, ne peut pas avoir dans son intérieur les germes de la muscardine. En effet, ou le ver était infecté avant de se renfermer dans le cocon, et il devait en être tué avant de compléter sa métamorphose, ou il en était exempt, et alors il ne peut en avoir été infecté dans le cocon, qui le défend et le garantit de toute approche de sporules. Mais ces sporules s'attachent très-aisément aux papillons, germent très-promptement et les tuent en très-peu de temps. Les papillons que j'ai placés au milieu des vers muscardinés sont morts, pour la plupart, en trois jours : mais je n'ai pu saisir aucun phénomène assez remarquable pour dénoncer la maladie ; j'ai remarqué seulement une diminution successive et graduelle de la vivacité naturelle de l'insecte, surtout des mâles, qui se montrent si vifs par le rapide battement des ailes.

Marche, durée et terminaison.

La muscardine se rencontre quelquefois *sporadique*, jamais *endémique*, souvent *épidémique* (1). Elle commence, demeure et finit sporadique, si le magnanier adroit et diligent, dans les premiers vers qu'il trouve morts de muscardine, détruit à sa source l'infection, et préserve les vers sains du contact de ces cadavres contaminés. Elle n'est jamais endémique, parce que la cause de la maladie ne dépend nullement des conditions spéciales et propres à certains lieux ; et s'il y a des contrées, comme la Toscane et la Romagne, où elle est à peine connue, et d'autres, comme les Deux-Siciles, où elle ne s'est pas encore montrée, cela ne tient pas à la nature des conditions locales, mais au défaut de la cause spéciale de la muscardine, qui n'y a pas pénétré jusqu'à présent. Dans la plupart des cas elle se rencontre épidémique, et prend le caractère successif et graduel des épidémies contagieuses ; car, lorsqu'on néglige les soins nécessaires pour limiter la

---

(1) Pour les lecteurs auxquels le langage technique des médecins n'est pas familier , je crois utile d'expliquer la signification de ces trois mots. Les médecins appellent *sporadiques* les maladies produites par des causes accidentelles qui agissent isolément, une *inflammation du poumon*, par exemple : ils donnent le nom d'*endémiques* à celles qui proviennent de causes particulières à un endroit déterminé, comme les *fièvres périodiques* des lieux marécageux ; enfin ils déclarent *épidémiques* toutes les maladies , quelle que soit leur cause , qui attaquent , en même temps, un grand nombre d'individus, comme la *grippe* , la *peste* , le *choléra*. Les maladies épidémiques, quant à leur nature, sont *communes* ou *contagieuses ;* c'est une épidémie commune , celle de la grippe, qui ne se communique pas d'un individu à l'autre, mais reconnaît son origine dans une constitution atmosphérique spéciale , qui agit , en même temps , sur toute une contrée, et attaque simultanément un grand nombre de personnes ; c'est une épidémie contagieuse celle de la peste et probablement aussi celle du choléra, parce qu'elles sont dues à un principe spécial et inconnu, qui se transmet des malades aux sains. D'où il résulte que les maladies épidémiques du premier genre sont épidémiques dès leur commencement, tandis que celles du second genre paraissent tout d'abord sporadiques, parce qu'elles se montrent par des cas isolés, mais peu après, par dissémination et diffusion , elles deviennent universelles et épidémiques.

diffusion de la maladie, le nombre infini des sporules botrytiques qui constituent la matière première de la contagion
peut, en peu de temps, attaquer un grand nombre de
vers et infecter une magnanerie tout entière.

Il n'est pas possible de déterminer avec précision la durée
de la maladie, encore moins la durée de chacune de ses périodes; d'abord, parce qu'on ne peut pas saisir le moment de
son invasion, ensuite parce qu'elle varie selon l'intensité de
la contagion. En général, je crois qu'elle s'étend à peu près
à six jours, et on peut en assigner trois à la première, deux
à la deuxième, et un à la dernière période. Il est rare qu'elle
se prolonge de quelques jours; bien souvent elle se réduit à
trois ou quatre jours : je ne crois pas qu'il y ait des cas d'une
marche plus rapide. Cela s'entend pour la larve : dans la
chrysalide, la marche est peut-être même plus lente; dans le
papillon, elle est sans doute plus rapide, et il y a des cas de
mort survenue dans deux jours.

Quels que soient les soins qu'on donne aux vers muscardinés, la terminaison nécessaire de la maladie est la mort;
c'est une maladie absolument incurable.

Diagnostic.

Si tous les symptômes que j'ai signalés précédemment
comme appartenant à la muscardine se rencontraient dans
tous les cas de cette maladie, il ne serait pas très-difficile de la
reconnaître ; mais il arrive très-souvent que les magnaniers
même les plus exercés se trompent et donnent pour sains des
vers déjà infectés de la muscardine, et pour muscardinés des
vers qui n'en sont pas atteints, surtout dans la première période de la maladie. Dans plusieurs centaines de vers que
j'éduquais au milieu d'un foyer d'infection, je choisissais
tous les jours ceux que je croyais déjà infectés, pour les étudier, et souvent il m'arrivait de me tromper trois ou quatre
fois sur dix; et malgré toute la diligence que tous les soirs je
mettais à choisir sur les claies les vers qui me paraissaient in-

fectés, le matin j'y trouvais souvent quelque ver mort de muscardine. Mais il n'est pas exact d'en tirer la conséquence
que la muscardine n'a pas une forme morbide qui lui soit
propre, et qu'on ne peut pas la reconnaître avant que le ver
en soit mort. Il est vrai que, jusqu'à présent, on n'a encore découvert aucun symptôme *caractéristique*, ou, selon le
langage des médecins, *pathognomonique*, c'est-à-dire tel
qu'à lui seul il soit capable de dénoncer la présence de la
maladie ; mais il y a plusieurs maladies qui manquent de
ces symptômes caractéristiques et qui, pourtant, ne sont pas
moins reconnues et soignées. C'est à l'aide de ce qu'on appelle le *syndrome pathognomonique* qu'on cherche à déterminer les maladies qui manquent de symptômes caractéristiques, c'est-à-dire de l'ensemble de tous les symptômes, les
plus essentiels et les plus constants qui en constituent la
forme nosographique. Et le diagnostic devient encore
moins difficile, quand on considère que, parmi toutes les
maladies du ver à soie, il n'y en a pas une seule qu'on
puisse confondre avec la muscardine : les vers infectés peuvent échapper à l'œil d'un magnanier diligent, quand il n'y
a aucun soupçon d'infection dans la magnanerie ; mais dès
qu'on commence à trouver, sur les litières, des vers muscardinés, avec un peu d'attention il ne sera pas difficile de reconnaître les vers déjà attaqués de muscardine, et peut-être
le plus grand obstacle pour le diagnostic est moins dans
l'obscurité de la maladie que dans le trop grand nombre
de vers qu'on élève, et dans l'habitude des vers malades de
muscardine de se cacher ordinairement au fond de la litière.
Il y a cependant un état particulier du ver qui n'est pas une
maladie, mais qui présente toutes les apparences de la muscardine dans sa première période, c'est lorsqu'il est surpris
par un abaissement de température ; car, en cet état, le
ver ne mange ni ne bouge pas, et il se contracte et retire
sa tête dans les anneaux thoraciques absolument comme
lorsqu'il est attaqué de la muscardine. Mais, dans ce cas, il
suffit d'élever la température de la magnanerie au degré con-

venable aux vers à soie pour le voir reprendre sa force et sa vivacité. On pourrait encore être trompé par les vers qui se disposent à la mue : souvent ils prennent l'aspect des vers muscardinés dans la première période de la maladie ; mais il suffit de les toucher pour s'assurer de leur état de santé, parce qu'ils réagissent d'une manière très-énergique.

CHAPITRE II.

DE LA MUSCARDINE APRÈS LA MORT DU VER.

Phénomènes consécutifs à la mort (1).

Les phénomènes qui se succèdent, après la mort, dans le ver infecté de muscardine, ont été plus soigneusement étudiés et plus exactement décrits. On doit convenir qu'ils ne se présentent pas toujours sous la même forme, et que toutes les conditions capables d'en faire varier la forme nosographique dans le ver encore vivant sont capables aussi de modifier les apparences qui se montrent et se succèdent sur le cadavre. Ce que nous avons fait pour la symptomatologie de la muscardine, nous le ferons aussi pour les phénomènes cadavériques consécutifs : nous choisirons la forme la plus tranchée qu'on observe sur les vers du cinquième âge, dans lesquels la maladie se soit complétement développée ; cette forme nous servira de type auquel on pourra rapporter toutes les modifications déterminées par les diverses circonstances qui altèrent et compliquent la manifestation et l'évo-

(1) A la rigueur, ce chapitre devrait faire partie de l'anatomie pathologique, parce qu'en effet ce sont des changements cadavériques préparés et produits par la maladie. Mais, comme c'est le fait le plus évident et presque le seul qu'on observe ordinairement dans la muscardine, j'ai préféré d'en faire un chapitre à part.

lution de ces phénomènes. En parcourant la série des changements successifs qu'on remarque sur les cadavres des vers
muscardinés, on est frappé par quatre phénomènes principaux, qui se succèdent l'un après l'autre, et qui peuvent
constituer quatre phases distinctes, savoir : 1° *l'affaissement ;* 2° *la rougeur ;* 3° *la mucédinée fraîche ;* 4° *la mucédinée sèche.*

Première phase.— Affaissement. Immédiatement après la
mort et pendant quelque temps le ver présente des conditions parfaitement opposées à celles des phases successives. Dans la plupart des cas, il reste étendu de tout son
long sur la claie, il paraît encore vivant, et il faut le stimu-
ler ou le toucher pour s'assurer qu'il est mort. Sa couleur
n'est nullement altérée, et on n'y voit pas de points ou de
taches particulières ; et, si quelquefois on y remarque des
taches irrégulières d'un jaune sale, elles n'ont aucun rapport avec la muscardine. L'affaissement et la mollesse, que
nous avons signalés comme des caractères de la dernière
période de la maladie dans cette première phase cadavérique, sont parvenus à leur plus haut degré, de sorte qu'en le
pressant avec le doigt on croit avoir touché une vessie imparfaitement remplie de liquide. Ce caractère devient, d'heure
en heure, moins marqué, et avant d'entrer dans la seconde
phase, celle de la rougeur, le cadavre a déjà commencé à durcir.

Deuxième phase. — Rougeur. La rougeur est le caractère
qui domine dans cette seconde phase, et qui s'accompagne
d'un commencement de durcissement. Les premiers à changer de couleur sont les anneaux postérieurs du ver ; c'est
surtout dans le voisinage de l'appendice corniculaire et près
des pattes postérieures qu'on commence à voir une teinte
rose légère, qui se propage rapidement et se répand sur tout
le corps du ver ; et, au fur et à mesure que cette teinte occupe une plus grande étendue, elle devient plus foncée, puis
penche un peu au violet, et prend enfin la couleur lie de
vin. Le durcissement procède avec la même rapidité, de
manière que le doigt qui presse le ver sent la résistance d'un

corps mou, qui devient, d'heure en heure, plus ferme; et, lorsque la couleur lie de vin a acquis toute son intensité et toute son étendue, on voit sur le dos du ver, tout le long du vaisseau dorsal, une espèce de sillon plus ou moins profond, surtout dans les premiers anneaux abdominaux. Quand le sillon est déjà formé, par la pression du doigt on n'aperçoit plus aucune ondulation, et le ver, quoique encore flexible, se montre assez ferme et résistant.

Troisième phase.—Mucédinée fraîche. Le sillon dorsal commence à peine à se tracer, et déjà la couleur vineuse du ver a perdu un peu de sa vivacité et de sa fraîcheur; elle est déjà mate et terne. Les humeurs du ver se dessèchent toujours davantage, et le sillon dorsal devient plus irrégulier; ses téguments se rident, et son corps s'amincit et se tord en divers sens. En cet état, le cadavre du ver se trouve flexible, mais élastique; ce qui est dû à la matière soyeuse, qui, sauf un peu de desséchement, est la seule substance du ver qui n'est pas sensiblement altérée par la maladie. Ensuite on commence à voir sur les téguments, d'abord sur le dos et sur les premiers anneaux abdominaux, des taches blanches, qui en peu de temps envahissent toute la surface du corps, sauf la tête et souvent le dernier anneau. Lorsque tout le corps du ver a été couvert de ces taches, il en reçoit un aspect particulier, et il paraît s'être revêtu d'une couche de velours couleur de lait, frais et luisant; et, si on le touche, on croit toucher un duvet très-léger et très-souple, qui est la mucédinée fraîche.

Quatrième phase.—Mucédinée sèche. Cet état de fraîcheur ne dure pas longtemps; sa teinte perd son luisant et devient mate; l'aspect velouté se change en pulvérulent, et le ver paraît comme s'il avait été incrusté d'une poussière blanche; il semble recouvert d'un enduit de chaux ou de sucre: c'est cette apparence qui a donné naissance à la dénomination de la maladie en France (*muscardine*) et en Italie (*calcino*). En cet état, le corps du ver est déjà beaucoup aminci; il est dur et rigide, et se prête difficilement à être fléchi; mais il

faut encore bien des jours pour qu'il se dessèche entièrement, de façon que, sous les efforts de flexion, il se casse
plutôt que de céder.

Il n'est pas facile de déterminer le temps dans lequel se
succèdent les différentes phases que nous venons de décrire ;
car, selon la diversité des cas, un grand nombre de circonstances peuvent contribuer à en abréger ou en prolonger la durée. Mais, en général, on peut établir que dans le plus grand
nombre des cas l'*affaissement* dure environ un jour, la *rougeur* deux, la *mucédinée fraîche* un à deux, la *mucédinée
sèche* un temps indéfini.

Modifications dans la manifestation et dans la durée des phénomènes cadavériques de la muscardine.

Comme les conditions intérieures et extérieures du ver concourent plus ou moins puissamment à produire des modifications dans la forme de la maladie, c'est-à-dire dans l'ensemble des phénomènes qui la dénoncent, de même ces
conditions sont capables de déterminer des modifications
plus ou moins remarquables sur la manière dont se manifestent et se succèdent ces phénomènes singuliers après la
mort du ver ; et, plus encore, les modifications survenues
dans la manifestation des phénomènes cadavériques correspondent aux modifications déterminées dans la forme nosographique de la muscardine. C'est que tous ces phénomènes,
pendant la vie et après la mort, tiennent à une cause commune, à un principe qui, dans le cycle de son évolution,
comprend la vie et la mort du ver.

Parmi les conditions intérieures du ver, une des plus
puissantes, c'est la quantité de sang qui se trouve dans son
corps ; car, lorsque le botrytis rencontre une grande quantité de suc nourricier, il se l'approprie, croît, se multiplie et
talle à merveille ; de sorte que le corps du ver, après avoir
présenté une coloration très-foncée, se recouvre d'abord
d'un duvet très-épais et puis d'une couche très-condensée

de poussière. Mais si, au contraire, le suc nourricier est en défaut, une grande partie en est consommée par les filaments développés au dedans du ver, et, quand arrive le moment de se développer au dehors, la mucédinée, ne trouvant pas assez de nourriture, se développe en très-petites proportions; on en voit à peine quelques taches sur quelques endroits du corps, et dans quelques cas on n'en observe pas même les traces. Cela arrive très-souvent. Les vers, dans le premier et le deuxième âge, et même dans le troisième, ont naturellement une petite quantité de sang; et dans ces vers on ne voit jamais ni la couleur lie de vin, ni la mucédinée fraîche, ni la sèche; et cependant on peut, en eux, découvrir, au microscope, la présence du botrytis. Les vers malades, ceux surtout qu'on appelle *flétris* ou *passis*, par suite de leur maladie se trouvent dans les mêmes conditions; et, quand ils sont surpris par la muscardine, au lieu de la couleur lie de vin, ils prennent une teinte jaune sale, se dessèchent et durcissent, quelquefois sans aucune trace visible, plus souvent avec des taches de moisissure. Il m'est arrivé d'observer la même tache sur un ver en la plus parfaite santé, qui avait perdu beaucoup de sang par suite d'une piqûre. Il est probable que le même effet doit être produit par la trop petite quantité de sporules entrées dans le corps du ver; mais je n'ai pu vérifier, par l'observation, cette conjecture, et je crois qu'il est presque impossible de le déterminer. Quand le sang est en défaut, quelle qu'en soit la cause, les modifications des phénomènes cadavériques se rattachent toutes à une nourriture plus ou moins riche de la mucédinée. Dans la première période, la mollesse est moins remarquable et cesse plus vite : dans la seconde, la coloration est moins vivace, quelquefois elle est remplacée par une teinte jaune sale; le sillon longitudinal est moins profond, l'amincissement plus sensible et le desséchement plus rapide : dans la troisième, on rencontre quelquefois des taches à peine veloutées dans certains points, et ces points sont ordinairement les interstices des anneaux abdominaux; d'autres fois on ne peut en apercevoir aucune à l'œil nu sur tout le corps du ver, et la même chose se vérifie dans la quatrième période, dans laquelle les points occupés par les taches veloutées sont à peine incrustés d'un léger enduit pulvérulent, et, quand il n'y a pas de taches, il n'y a pas non plus d'incrustations. Dans tous ces cas, cependant, le cadavre du ver est plus aminci, et le desséchement est complet.

Il n'est pas rare de rencontrer des vers, déjà attaqués par la gangrène noire, surpris aussi par la muscardine; mais, quelle que soit la quantité de sang contenue dans le corps du ver, les apparences cadavériques en sont modifiées de la même manière, si ce n'est que la mollesse est plus remarquable et dure plus longtemps; il est très-rare d'y reconnaître des taches blanches. Je ne saurais dire quelle en est la cause; mais il est très-probable que tout cela tient à la constitution dégénérée du sang, qui fournit au botrytis un suc nourricier peu convenable à son développement. Quelquefois il y a des morceaux qui se putréfient et d'autres qui durcissent; mais ordinairement le durcissement est général. Les vers attaqués en même temps par la gangrène noire et par la muscardine, en durcissant, conservent une teinte plus ou moins obscure; de sorte que le seul indice de muscardine est l'arrêt du progrès de la putréfaction et le desséchement complet du cadavre, qui, dans ce cas, présente les deux principaux caractères des momies, le desséchement et la teinte noire.

J'ai dit que le ver, sauf les cas d'infection artificielle, ne peut pas être attaqué par la muscardine en état de chrysalide, s'il ne porte pas avec lui dans le cocon les germes de la maladie, c'est-à-dire les sporules du botrytis. Or les apparences cadavériques, dans la chrysalide muscardinée, sont différentes selon l'intensité de l'infection et le degré de perfection de cette première métamorphose. Dans quelques cas, le ver jette quelques fils çà et là, forme à peine un voile de bourre, puis s'arrête et meurt : alors le ver muscardiné, dans le commencement de sa transformation en

6

chrysalide, ne diffère pas beaucoup du ver muscardiné avant qu'il ait commencé à tisser son cocon. S'il est surpris par la mort pendant le cours de sa métamorphose, avant qu'il se soit dépouillé de sa robe de larve, il conserve encore les formes du ver, mais il est bien plus aminci et contracté, et l'incrustation est toujours plus légère. Enfin, lorsque le ver a eu le temps de se débarrasser entièrement de la matière soyeuse et qu'il a complété son cocon, on trouve la chrysalide morte, amincie, raccourcie, ridée, desséchée et parsemée de petites taches blanches pulvérulentes qu'on voit plus ordinairement et plus nettement dans les interstices des anneaux et dans le voisinage des stigmates. La même chose arrive lorsqu'on communique artificiellement la muscardine à la chrysalide renfermée dans son cocon : d'abord ses téguments coriaces prennent une teinte plus foncée, ensuite elle s'amoindrit et durcit; enfin des taches blanches se montrent dans les mêmes endroits que dans l'infection naturelle; mais, dans la plupart des cas, les effets de l'infection naturelle sont plus remarquables.

Nous avons vu que la forme nosographique de la muscardine dans le papillon est très-obscure ; la forme cadavérique ne l'est pas moins. Cela tient à deux circonstances : la première, c'est le défaut naturel de sang qui doit servir à la nutrition du botrytis, dont, par conséquent, la végétation est moins riche et vivace; l'autre, c'est le nombre infini d'écailles qui recouvrent toute l'étendue des téguments du papillon en forme de poussière et empêchent d'apercevoir les petites taches de muscardine qui pourraient se former. Le seul phénomène sensible qui ait un certain poids est la rapidité du desséchement ; en effet, le papillon, surtout lorsqu'il meurt avant son terme naturel, conserve, pendant quelques jours, sa mollesse, et son desséchement n'est pas complet avant que se soit écoulée une semaine ; au contraire, le papillon mort de muscardine se trouve parfaitement desséché en vingt-quatre heures.

Les conditions extérieures de chaleur et d'humidité

influent très-puissamment sur le degré de développement du botrytis sur le ver mort de muscardine. Le degré de température le plus favorable à la végétation de cette mucédinée est de 20 à 25 degrés cent., et plus l'humidité atmosphérique est abondante, plus aussi la végétation est riche et vigoureuse. En effet, quand on place, dans des lieux humides et sous une douce température, des vers muscardinés dont les incrustations pulvérulentes sont peu ou point sensibles, en peu de temps on voit se manifester les deux dernières phases des phénomènes cadavériques, la mucédinée fraîche et la mucédinée sèche. Au contraire, un air sec et chaud, surtout s'il est renouvelé par un courant, empêche tout à fait la manifestation extérieure du botrytis, ainsi que l'a prouvé M. Nysten et, après lui, MM. Bassi et Guérin-Méneville.

CHAPITRE III.

ANATOMIE PATHOLOGIQUE DE LA MUSCARDINE.

Si dans les animaux, ceux surtout qui, par leur organisation, s'éloignent beaucoup de l'homme, la forme nosographique ou la symptomatologie des maladies est bien plus difficile à déterminer que dans l'espèce humaine, il est bien plus facile, au contraire, d'en déterminer la forme anatomique, savoir les lésions organiques, qui sont les lésions fonctionnelles concrétées dans les organes ; c'est parce que, dans l'espèce humaine, l'intelligence et la parole rendent plus faciles la recherche et l'analyse des symptômes, et que, chez les animaux, les dissections et les opérations qu'on peut pratiquer dans toutes les périodes et dans toutes les formes de la maladie permettent qu'on puisse surprendre les lésions organiques dans leur origine, les suivre dans leur cours et les accompagner jusqu'à leur dernier développement. Ainsi j'espère que cette partie des études sur la muscardine pourra paraître plus claire, plus complète et même plus concluante que ne l'a été la symptomatologie.

Jusqu'ici on a fait ces études plutôt sous le point de vue de l'histoire naturelle que sous celui de l'anatomie pathologique. Le botrytis une fois reconnu comme la cause de la muscardine, toutes les recherches étiologiques et pathologiques ont été concentrées et presque limitées à l'histoire naturelle de la mucédinée. A la vérité, c'était elle qui méritait la plus grande attention des observateurs ; mais on ne devait pas négliger les études consciencieuses et diligentes de l'état organique des liquides et des solides du ver muscardiné. C'est ce qu'on a commencé à faire dans ces dernières années, et il faut espérer que, continuant dans cette voie, on pourra parvenir à réunir les bases véritables et solides sur lesquelles doit être élevé l'édifice pathologique de la muscardine. Pénétré de la grande importance de cet ordre de recherches, j'ai étudié les lésions anatomiques des solides et des liquides des vers malades et des vers morts de muscardine, dans les trois périodes de la maladie et dans les quatre phases des phénomènes cadavériques, dans la larve, dans la chrysalide et dans le papillon, et dans les différentes formes de complication qu'il m'est arrivé de trouver ou de déterminer dans les vers muscardinés. J'ai fait mes recherches et mes études dans cette direction, et, si l'amour qu'on a naturellement pour ses propres travaux ne me trompe ni ne m'égare, je crois avoir trouvé des faits nouveaux assez importants pour servir de base à la théorie pathogénique de la muscardine.

Dans l'histoire des conditions anatomiques de la muscardine, il y a deux méthodes à suivre : l'une, c'est d'étudier chaque altération dans toutes ses modifications, pendant les périodes de la maladie et pendant les phases des phénomènes cadavériques ; l'autre, c'est de rechercher quelles sont les conditions anatomiques de chaque période de la maladie et de chaque phase des phénomènes cadavériques. Cette dernière méthode a le défaut de fréquents retours sur le même sujet ;

néanmoins je la préfère parce qu'elle a l'avantage de préparer le lecteur à la théorie pathogénique de la maladie.

Conditions anatomiques de la première période de la muscardine.

Un des sujets les plus importants d'observation dans la muscardine, c'est le sang; c'est dans ce liquide que bien des écrivains ont vu le point de départ de la maladie; mais, pour en saisir convenablement les altérations, il est nécessaire de rappeler en peu de mots sa constitution naturelle dans le ver en état de santé.

Le sang du ver à soie est un liquide plus ou moins jaune, limpide et transparent, un peu tenace, facile à dessécher, d'une réaction acide plus ou moins marquée. Cette couleur jaune est très-légère dans les vers à soie blanche, de sorte que le sang paraît presque blanc; mais, tant que le ver est sain, le sang conserve sa transparence. Il est un peu plus pesant que l'eau, et, quand on en laisse sur un verre quelques gouttes, elles se condensent et se dessèchent très-promptement. Il a une réaction acide qui est plus marquée en état de larve; elle diminue sensiblement à l'époque de la maturité, et dans la chrysalide, et encore mieux dans le papillon, le sang est presque neutre (1).

Si l'on observe au microscope une goutte de sang du ver à soie cinquième âge, on y remarque un liquide jaune, un liquide blanc, des globules sanguins, des granulations, des globules ovoïdes et des gouttelettes huileuses.

_____

(1) M. Grassi, qui, le premier, a dirigé dans ce sens ses recherches, a élevé toute une théorie pathologique du ver à soie sur les conditions acides ou alcalines de toutes les humeurs du ver. Je n'ai pas insisté sur cette qualité du sang, parce que je la crois d'une importance très-secondaire; et, à mon avis, il est très-probable que le changement de réaction dépend de la fusion du corps gras et de sa dispersion dans le sang, ce qui arrive dans la gangrène noire et dans une forme de jaunisse ou de grasserie dans laquelle le sang devient blanc, opaque, trouble et presque puriforme.

Les deux liquides se trouvent ordinairement séparés. Le jaune, qui contient toute la partie colorante du sang, est distribué en taches irrégulières, se réunit souvent tout le long des bords du verre, reste attaché à un certain nombre de globules, et représente l'hématine et la fibrine du sang des animaux supérieurs. Le liquide blanc, plus abondant que le jaune, occupe la plus grande partie de la surface du verre, contient tous les autres éléments du sang, et représente le sérum du sang des animaux supérieurs.

Les globules sanguins sont très-variables et par la couleur et par la forme et par la grandeur. On en trouve de jaunes et de blancs; mais leur couleur naturelle est blanche, et, si l'on en voit des jaunes, leur coloration tient à la partie colorante du sang qui les baigne. La plupart sont ronds, mais leur contour est toujours irrégulier; il y en a qui ont des pointes et des aspérités qui leur ont fait donner le nom de *globules échinés*. On en rencontre de toutes dimensions, de petits, de moyens, de grands. En général, ils manquent de noyau central, mais dans quelques-uns, à leur centre, on voit quelques lignes incertaines qui semblent indiquer un noyau central mal dessiné. Ils manquent aussi de cavité particulière, et les granulations qu'ils contiennent sont encaissées dans leur substance. Ces granulations sont inégales et paraissent n'avoir pas de cavité; mais lorsqu'elles sont débarrassées de la substance des globules sanguins, et qu'on peut les observer libres et isolées, on trouve qu'elles ne sont que de petites vésicules remplies de liquide.

On rencontre aussi dans le sang du ver à soie un petit nombre de vésicules, le plus ordinairement ovoïdes (1), pres-

_____

(1) Parmi un grand nombre de vésicules ovoïdes on en rencontre aussi de globuleuses; je pense, toutefois, qu'elles sont toutes ovoïdes, et, si on en voit de globuleuses, c'est que, dans leur mouvement de progression, elles tournent sur leur axe et se présentent dans la direction de l'axe plus long. J'en ai surpris souvent qui changeaient de forme en tournant, dans leur progression, leur axe plus long dans la direction de l'œil, et reprenant leur forme ovoïde quand cet axe redevenait horizontal.

que toutes de la même dimension, mais beaucoup plus petites que les globules du sang, et un peu plus grandes que leurs granulations; ce sont des vésicules remplies de liquide. Leur structure est homogène : elles n'ont ni cils vibratiles, ni prolongement caudal, ni aucune autre espèce d'organe locomoteur : et pourtant on y observe deux espèces de mouvements, un mouvement de contraction et un mouvement de progression. Frappé de ce phénomène singulier, M. Guérin-Méneville a cru y voir des *animalcules*, les *entozoaires* du sang qu'il a appelés *hématozoïdes*. Mais ces vésicules, douées de ce double mouvement, ne se rencontrent dans le sang qu'en très-petite portion : au contraire, l'observation microscopique m'a confirmé ce que M. Vittadini avait déjà constaté, que dans la chrysalide et dans le papillon il y en a bien plus que dans la larve, qu'on en trouve presque dans tous les organes du ver, et que les vaisseaux uro-biliaires surtout en sont remplis. M. Cornalia en a trouvé un grand nombre dans le liquide rouge-brique que les papillons rejettent par l'anus : le desséchement les réduit en une poussière blanchâtre; et, quand on les baigne d'eau, elles reprennent leurs mouvements et leurs vibrations. Ce qui prouve que leur présence dans le sang est plutôt accidentelle, et que leur mouvement n'est pas un indice d'animalité, mais c'est ce qu'on appelle, en physiologie, mouvement *moléculaire* ou *brownien*.

Dans le sang à l'état sain quelquefois, dans certaines maladies très-souvent, on rencontre des globules très-petits, peut-être de 5 à 6 diamètres plus petits que les vésicules dont nous venons de parler. Ces globules minimes ont un mouvement bien plus vif et plus marqué que celui des vésicules ovoïdes : leur figure est globuleuse; ils n'ont pas de cils vibratiles ou d'autres organes locomoteurs. On en trouve plus facilement dans le papillon que dans la larve : il y en a toujours très-peu; souvent on n'en voit pas du tout. Dans certaines maladies, la grasserie, la nouvelle maladie des papillons, le sang en est encombré.

Un dernier élément qu'on rencontre souvent dans le sang, ce sont les vésicules huileuses. Elles sont parfaitement rondes, d'une teinte légèrement jaune, de grandeur variable, les plus petites égalant, en général, les plus grandes des vésicules douées d'un mouvement propre. Ces vésicules se rencontrent souvent parfaitement isolées, souvent encore on en voit un certain nombre groupées, mais sans aucune membrane qui les enveloppe; ce ne sont pas alors des vésicules, mais de véritables gouttes huileuses : plus souvent encore elles portent des restes de la membrane, ou la membrane tout entière les entoure. On les observe plus souvent dans le sang de la chrysalide et du papillon, et dans un grand nombre de maladies du ver. J'ai remarqué que, toutes les fois que le nombre des vésicules huileuses augmente sensiblement, le sang perd en proportion de sa transparence, de sorte que dans la grasserie, où le corps gras est en grande partie dissous dans le sang, ce liquide devient parfaitement opaque et prend un aspect puriforme (fig. 3).

Nous verrons, plus tard, ce qu'il faut penser des rôles assignés aux divers éléments que nous avons passés en revue : revenons maintenant à l'examen des changements pathologiques du ver à soie dans la première période de la muscardine.

Nous avons vu que dans la première période de la muscardine il n'y a pas de symptômes assez clairs pour la dévoiler : j'ai donc pris, parmi les vers que j'élevais au milieu de l'infection, ceux qui me semblaient les moins bien portants et qui avaient l'air d'avoir un commencement de maladie. J'en faisais la dissection, puis je plaçais, sur des verres, des gouttes de sang et des morceaux d'estomac, et je les mettais dans les conditions favorables au développement du botrytis. Quand je trouvais sur les verres les filaments botrytiques, je prenais note des changements que j'avais remarqués précédemment sur le ver au moyen de la dissection et de l'observation microscopique : et, dans certains vers qui avaient travaillé leurs cocons, j'ai soumis à la même épreuve leurs excréments enveloppés dans la bourre, ceux surtout qui se montraient plus pâles. Dans bien des dissections je n'ai pu saisir dans le sang aucun changement remarquable, ni dans la couleur, ni dans la densité, ni dans la quantité : il est vrai que le corps du ver est un peu aminci ; mais je crois que cela tient moins à la diminution de la quantité de sang qu'à la diminution de la quantité de feuille ingérée par le ver qui a déjà perdu de son appétit. La réaction, essayée par le papier teint, est encore légèrement acide : le microscope n'y découvre pas une modification sensible dans ses éléments ; quelquefois il m'a semblé y reconnaître çà et là un petit nombre de sporules. L'examen de l'estomac m'a fourni quelque chose de plus important : il n'est plus rempli et distendu de feuille, et, dans la partie supérieure surtout, au lieu de feuille on trouve une espèce de liquide dense et un peu tenace ; mais ses membranes ne sont pas encore sensiblement altérées. Quand on observe au microscope l'estomac et son contenu, on ne voit pas encore de filaments, mais on trouve un grand nombre de sporules, en grande partie dispersées dans le liquide, en plus petit nombre collées sur les parois de l'estomac ; mais le fait qui m'a frappé singulièrement, c'est d'avoir vu, dans quelques endroits, à proximité des membranes de l'estomac, près d'un tronc de trachée, bon nombre de cellules épithéliales, parmi lesquelles il y en avait quelques-unes parsemées de sporules collées et enchâssées dans la substance propre des cellules (fig. 4). Et, toutes les fois que j'ai placé dans les conditions convenables au développement du botrytis les membranes de l'estomac et le sang du même ver que je soupçonnais infecté de muscardine, presque toujours j'ai obtenu un réseau plus ou moins riche dans les verres qui contenaient les parois de l'estomac, et je n'en ai rencontré que très-rarement des traces dans les verres où j'avais placé du sang (fig. 5). Dans les verres où j'ai détrempé les crottins, j'ai trouvé un nombre très-grand de sporules, et j'en ai obtenu des réseaux magnifiques de filaments ; et j'ai pu y remarquer un fait qui a confirmé celui qui m'avait frappé dans l'observation des membranes de l'estomac : j'y ai reconnu un grand nombre de cellules épithéliales détachées de l'estomac et rejetées avec les excréments ; et, quand j'observais le développement de la mucédinée, je voyais un grand nombre de filaments, à différents degrés de développement, qui sortaient de dessous chaque cellule et rayonnaient au loin (fig. 6). Dans les autres organes je n'ai rien trouvé de remarquable.

De ces observations il découle que, dans cette première période, il y a plutôt un malaise qu'une maladie ; et, si l'on veut caractériser les périodes de la muscardine d'après les périodes du développement de la plante, on dira que cette première période est l'*ensemencement du botrytis*.

Conditions anatomiques de la deuxième période de la muscardine.

C'est dans la deuxième période de la muscardine qu'on découvre, au microscope, les changements les plus intéressants et même les plus étonnants.

Commençons par le sang, qui ne paraît pas sensiblement changé dans ses caractères physiques, la couleur, l'épaisseur, la transparence, la ténacité, la quantité ; au moins, s'il y a quelques changements, ils sont peu appréciables et très-difficiles à saisir ; d'ailleurs, ils n'auraient pas une grande importance. Ce qu'il importe de connaître, ce sont les changements découverts au moyen du microscope. La matière colorante, le liquide blanc, les globules sanguins lisses ou échinés, n'offrent pas de changements remarquables. Le nombre des globules est peut-être un peu diminué, et celui des granulations un peu augmenté, parce que la membrane des globules dissoute laisse échapper les granulations qu'elle contenait et qui prennent la forme de petits globules mieux dessinés. Les corpuscules ovoïdes, doués du mouvement brownien, sont un peu augmentés en nombre, mais n'offrent de changements ni dans le volume ni dans la forme.

Les vésicules et les gouttes huileuses sont plus faciles à rencontrer. Mais, dans cette période de la muscardine, le microscope révèle dans le sang un élément nouveau ; ce sont les sporules du botrytis, dont le nombre est plus ou moins grand selon la différence des cas. D'abord j'avais douté de leur nature, parce qu'il n'est pas rare, dans les observations microscopiques, d'être trompé par de fausses apparences et de prendre un objet pour un autre ; mais je me suis assuré de leur nature de sporules en plaçant le sang que je venais d'observer dans les conditions convenables au développement du botrytis, et, en moins de quarante-huit heures, j'en ai obtenu toujours de nombreux filaments et des réseaux plus ou moins riches de botrytis. Dans le sang des vers muscardinés à cette période, j'ai recherché des filaments de botrytis ; mais je n'en ai pas trouvé du tout ou seulement quelques-uns à peine ébauchés. On commence aussi à voir dans cette période quelques petits cristaux octaèdres dont nous aurons à nous occuper dans la suite.

On n'a fait, jusqu'ici, aucune attention aux altérations produites par la muscardine dans l'estomac du ver, et cependant c'est dans l'estomac qu'on trouve le premier anneau de toute la chaîne des changements qui arrivent dans cette maladie. Quand on ouvre un ver muscardiné dans cette période, il semble que l'estomac soit un peu rétréci ; c'est que, le ver mangeant très-peu, l'estomac n'est plus rempli et distendu par une grande quantité de feuilles ; et, en effet, on n'y rencontre que très-peu de feuilles et une assez grande quantité d'un liquide limpide, épais, glaireux. Ses membranes sont ramollies et épaissies et ont beaucoup perdu de leur transparence. Lorsqu'on en détache un morceau et qu'on l'observe au microscope, on y reconnaît un nombre infini de filaments longs et touffus, simples et ramifiés ; et, si l'on presse et que l'on frotte assez fortement les verres l'un sur l'autre, les touffes de ces filaments se séparent, on les voit plus distincts, et on en rencontre qui sortent manifestement de dessous les cellules épithéliales (fig. 7).

J'ai fait des recherches sur l'état des membranes des sacs de la soie, des canaux uro-biliaires et des boyaux graisseux, et j'y ai trouvé toujours des sporules, des filaments et des cristaux octaèdres à base carrée. Nous avons vu qu'on en rencontre un certain nombre dans le sang; mais on en trouve en bien plus grand nombre déposés sur tous les organes du ver, et il m'a paru que, là où l'on rencontrait un plus grand nombre de filaments mieux développés, on trouvait aussi des dépôts plus nombreux et plus riches de ces cristaux. Leur volume est très-variable; il y en a de très-petits, de moyens, de très-grands; mais leur figure est toujours la même, et, s'il y a quelque variation de forme, cela tient exclusivement au jeu de la lumière et de l'ombre, qui a causé bien des méprises dans les observations microscopiques. MM. Gerhardt et Chancel ont observé, dans l'urine, des cristaux parfaitement semblables à ceux dont nous venons de parler : selon ces chimistes, « l'oxalate de chaux, obtenu par double décomposition, est une poudre tout à fait amorphe; celui qui se trouve dans les sédiments se distingue, au contraire, par sa forme cristalline entièrement caractéristique. Au microscope, il apparaît, en effet, sous la forme de petits octaèdres à base carrée, à arêtes vives, entièrement limpides et réfractant fortement la lumière (1). » Ainsi ce seraient peut-être des cristaux d'oxalate de chaux, qui se forment et se déposent partout où se développe le botrytis (fig. 8).

Mais le fait qui m'a le plus étonné, parce que je ne m'y attendais pas, c'est que, sur les stigmates, dans les trachées et tout le long de leurs ramifications, je n'ai jamais trouvé la trace la plus légère de botrytis, ni sporules ni filaments. Comme ce fait me paraissait un peu étrange, j'ai répété plusieurs fois les mêmes recherches et j'ai eu toujours les mêmes résultats négatifs.

Ainsi, si l'on voulait caractériser cette période de la mus-

---

(1) *Précis d'analyse chimique qualitative.* Paris, 1855, page 464.

cardine par le degré de végétation de la plante, on dirait que c'est le *tallement du botrytis sur les viscères*.

Conditions anatomiques de la troisième période de la muscardine.

Dans la troisième période de la muscardine, les lésions organiques ne diffèrent de celles que nous venons d'énumérer dans la deuxième que par le degré d'intensité des lésions et de développement de la plante.

Les qualités physiques du sang sont déjà bien appréciables dans cette dernière période de la maladie. Sa quantité est sensiblement diminuée; sa couleur jaune est plus foncée et tend un peu au rouge-brique. Son épaisseur et sa ténacité sont aussi augmentées; mais il conserve encore sa transparence. Si on l'observe au microscope, on n'y trouve rien de plus que dans la période précédente : les globules sanguins, les granulations, les corpuscules doués du mouvement moléculaire, les vésicules huileuses, les cristaux octaèdres sont dans les mêmes conditions; si ce n'est que les globules sanguins sont encore plus diminués en nombre, et les autres éléments, les granulations et les cristaux surtout, sont augmentés. Le nombre des sporules est bien plus grand, et l'on rencontre plus facilement des filaments dont quelques-uns présentent un commencement de ramification (1).

_____

(1) J'ai remarqué, dans mes observations sur le développement du botrytis, que les sporules germées et développées dans le sang donnent des filaments plus courts et plus épais; ceux qu'on rencontre sur les organes sont plus longs et plus minces. Mais il faut se garder de certaines apparences que prend le sang, lorsqu'il est trop comprimé et frotté entre les verres, car il arrive très-souvent que le liquide séreux du sang, coupé et mêlé d'un grand nombre de vésicules aériennes, prend des formes très-variées, et il y en a quelques-unes qui s'allongent et se bifurquent même, de sorte qu'on croirait voir de gros filaments simples ou ramifiés. Mais on évite l'illusion en soulevant un peu le verre supérieur, parce qu'alors, la pression ôtée, la petite bulle d'air change de forme, s'approche de la forme globuleuse, et toute apparence végétale disparaît. Dans la forme cylindrique de ces bulles d'air, on peut remarquer aussi deux caractères

Des recherches sur l'estomac donnent les mêmes résultats; seulement les lésions se trouvent parvenues à un plus haut degré. Il y a moins de restes de feuilles et plus de liquide glaireux; le ramollissement, l'épaisseur et l'opacité des tuniques sont augmentés. Les filaments botrytiques sont plus grands, plus longs, plus touffus; leurs ramifications plus nombreuses et plus développées. Les cristaux octaèdres à base carrée sont aussi augmentés en nombre.

Les sacs de la soie, les canaux uro-biliaires, les boyaux graisseux présentent les mêmes conditions anatomiques que dans la période précédente, mais plus agrandies et mieux développées.

Sur les stigmates et sur les trachées, ainsi que sur les téguments, j'ai eu les mêmes résultats négatifs.

On pourrait donc regarder cette dernière période de la muscardine comme *la pleine végétation du botrytis dans l'intérieur du ver.*

Conditions anatomiques de la première phase des phénomènes cadavériques de la muscardine.

De tout ce que nous venons de dire des conditions anatomiques de la muscardine dans les trois périodes de la maladie il ressort que tout se réduit à la végétation du botrytis dans les viscères du ver; dans les phases des phénomènes cadavériques, nous verrons que tout se réduit aussi à la végétation du botrytis sur les téguments. Mais ces phénomènes ne se présentent pas immédiatement après la mort; il faut attendre un jour ou deux pendant lesquels la végétation intérieure continue sa marche et produit dans le sang des changements très-remarquables. En effet, sa quantité est de

---

qui les font distinguer des véritables filaments botrytiques : le premier, c'est leur contour qui est un peu lourd et mal dessiné, et ces bulles cylindriques se trouvent mêlées à un grand nombre de bulles de forme très-variable; l'autre est encore plus probant, c'est d'attendre leur développement, car, si ce n'est qu'une bulle d'air, la forme et ses dimensions restent toujours les mêmes.

beaucoup diminuée, et, quand on pique le ver avec la pointe d'un bistouri, il sort à peine une goutte de la piqûre; et quelquefois il faut une certaine pression pour la faire sortir, et, si la pression cesse, la goutte rentre en grande partie dans le corps du ver. Il est plus épais et plus tenace; sa couleur est beaucoup plus foncée, et il a perdu de sa transparence jusqu'à devenir louche et trouble. En l'observant au microscope, on trouve diminué le nombre des globules sanguins, augmenté celui des granulations, des vésicules huileuses, des corpuscules ovoïdes, mais très-multiplié celui des sporules, et un peu augmenté celui des filaments, que je n'ai jamais rencontrés ni trop nombreux, ni trop développés, ni très-ramifiés. Le degré de ces altérations augmente au fur et à mesure que le sang s'épaissit et se dessèche; nous ne nous en occuperons pas davantage dans la suite de ces recherches, parce que, dans les phases des phénomènes cadavériques, c'est aux téguments qu'il faut s'adresser pour avoir la clef du problème.

Si l'on coupe un morceau de tégument sur un ver qui commence à peine à rougir, de façon à en faire une tranche très-mince et assez oblique, et qu'on la soumette au microscope, on peut presque surprendre les sporules botrytiques au moment de leur germination. Mais il faut un peu de patience dans cette recherche; car il faut rencontrer un endroit où les nouveaux filaments soient assez développés pour les apercevoir, et il faut que la tranche de tégument soit assez mince pour détruire l'opacité des tissus et laisser distinguer les petits filaments de la forme presque étoilée des plaques épidermiques. Mais, quelque mince que soit la tranche de tégument, il faut encore la presser entre les deux verres pour éclaircir davantage les tissus. Quand on a réussi dans ces opérations, on peut voir un certain nombre de filaments naissants, très-minces et très-courts, qui semblent sortir en étoile du dessous des plaques de l'épiderme, et qui sont plus apparents sur les bords, parce qu'ils ne sont pas masqués par l'épaisseur des téguments (fig. 9).

La formule de cette première phase serait *la germination des sporules dans l'épaisseur des téguments.*

Conditions anatomiques de la muscardine dans la deuxième phase des phénomènes cadavériques.

Lorsque tout le corps du ver a été envahi par la couleur lie de vin, lorsque les phénomènes cadavériques sont entrés dans leur deuxième phase, les filaments botrytiques sont plus évidents, et il est plus facile de les saisir et de les distinguer des pointes des plaques épidermiques. Il faut toujours la même diligence à couper la tranche de tégument, et il faut aussi la presser doucement entre les deux verres. On voit alors un grand nombre de filaments, un peu plus allongés et plus épais, dont quelques-uns sont un peu arrondis et presque renflés en tête. Ils couvrent toute la surface de la tranche, de manière qu'on ne distingue plus la disposition étoilée de l'épiderme, sauf dans quelques endroits : les petits filaments se montrent peu distincts sur l'épaisseur de la tranche, mais on les voit très-nettement sur les bords (fig. 10).

On peut dire que cette deuxième phase n'est que *le développement des filaments.*

Conditions anatomiques de la muscardine dans la troisième phase des phénomènes cadavériques.

La troisième phase, caractérisée par la mucédinée fraîche qui prend l'aspect d'un duvet couleur de lait, a pour condition anatomique un nombre infini de filaments, parfaitement développés, qui occupent toute la surface des téguments, mais on n'y voit pas encore de sporules (fig. 11).

Ce serait *le botrytis en pleine végétation.*

Conditions anatomiques de la muscardine dans la quatrième phase des phénomènes cadavériques.

Dans cette dernière phase, quand le ver est tout encroûté

de poussière blanche, l'observation des téguments au microscope dévoile un certain nombre de filaments, quelques-uns encore frais, mais pour la plupart un peu fanés, et un nombre infini de sporules (fig. 12).

C'est la fructification du botrytis.

Efflorescence cristalline.

« Si l'on dépouille les cadavres des vers muscardinés de la croûte qui les revêt, et qu'on les place dans un lieu humide, après quelques jours on les trouve recouverts d'une autre efflorescence, aussi d'apparence muscardinique, mais formée par des milliers de petits cristaux, qui proviennent d'un dernier degré de métamorphose chimique de ces cadavres (1). »

« Ces cristaux, vus à l'œil nu, ont la forme de petites aiguilles réunies en petits faisceaux comme des pinceaux, ou en amas globulaires comme des échinodermes. Ils sont transparents, incolores, ou à peine teints en rouge sale. Dissous dans l'eau chaude, ils manifestent une réaction légèrement acide, qui devient toujours plus sensible à mesure que le liquide s'évapore ; traités avec la potasse caustique, ils répandent une forte odeur ammoniacale. Leur figure géométrique est un prisme très-long, droit, à base rectangulaire, avec les extrémités dièdres, c'est-à-dire émoussées en coin. »

« D'après les réactions obtenues d'une petite quantité de ces cristaux par M. Cardone fils, on serait porté à les croire une combinaison d'acide alloxanique et d'ammoniaque, avec une très-petite proportion de potasse et de chaux. En effet, pendant ce nouveau procédé de cristallisation, il se sépare du cadavre du ver un liquide épais, rougeâtre, éminemment

---

(1) « Ces petits cristaux avaient été déjà observés, depuis 1835, par M. J. A. Harri, pharmacien-chimiste de Milan, sur des vers muscardinés conservés pendant un mois environ dans un lieu sec. Lomeni, *Del calcino*, mém. V, page 36. »

7

alcalin, et d'une forte odeur ammoniacale, qui, en s'évaporant, dépose une grande quantité de ces cristaux. »

« Cette efflorescence secondaire, qui ne se limite pas seulement à la surface du cadavre, mais s'étend aussi à tous les tissus en leur donnant un aspect vitré, nous expliquerait comment est né dans quelques esprits le doute que le *Botrytis Bassiana* n'est qu'une cristallisation (1). »

Résumé.

D'après ce qui précède, on peut distinguer deux époques dans la muscardine, l'époque du ver vivant, l'époque du ver mort. La première est caractérisée par le développement du botrytis dans l'intérieur du ver ; la seconde est constituée par la végétation de la plante sur ses téguments.

Dans la première époque, il y a trois périodes, auxquelles correspondent trois degrés dans la végétation de la mucédinée.

La première période, c'est l'*ensemencement* ;

La deuxième, c'est le *tallement* ;

La troisième, c'est la *pleine végétation du botrytis à l'intérieur*.

Dans la deuxième époque, il y a quatre phases, auxquelles correspondent quatre degrés de végétation.

La première phase, c'est la *germination des sporules* ;

La deuxième, c'est le *développement des filaments* ;

La troisième, c'est la *pleine végétation* ;

La quatrième, c'est la *fructification du botrytis sur les téguments*.

Nous avons adopté, dans l'exposition de l'anatomie pathologique de la muscardine, une méthode qui avait l'avantage de coordonner les conditions anatomiques aux phénomènes de la maladie, mais avait, au contraire, le désavantage de se prêter trop à la répétition des mêmes choses. C'est par là que

(1) Vittadini. — Della natura del calcino o mal del segno. Milano, 1852, page 22.

nous nous sommes limités, dans la description des conditions anatomiques dans les différentes phases des phénomènes cadavériques, uniquement au développement de la mucédinée : mais on peut remarquer d'autres changements, surtout dans le sang qui va être absorbé par la plante; et sur les téguments eux-mêmes on observe un nombre plus ou moins grand de ces cristaux octaèdres à base carrée. Mais tous ces changements sont d'un ordre secondaire, et rentrent dans ce qui a été dit précédemment.

CHAPITRE IV.

HISTOIRE BOTANIQUE DU BOTRYTIS BASSIANA.

Détermination de la plante.

D'après ce que nous venons de dire des conditions anatomiques de la muscardine, il est clair que tout se réduit à la germination et à la végétation d'un champignon entomoctone « dont les séminules, introduites dans le corps de l'animal doué de la vie, y germent, s'y développent en peu de jours, en envahissant successivement tous les tissus, presque toutes les cavités, et finissent dans cette lutte singulière, dans cette espèce de guerre acharnée entre les deux règnes organisés, par causer la mort de l'individu qu'on aurait cru le plus capable de résistance (1). » Il nous faut donc connaître ce Champignon.

Cette plante appartient à la tribu des mucédinées de la vaste famille des Champignons, et particulièrement au genre *Botrytis*. Le Prof. J. Balsamo-Crivelli résuma en ces mots la

---

(1) C. Montagne. — *Observations et expériences sur un champignon entomoctone*, ou histoire botanique de la muscardine. Mémoire lu devant l'Académie des sciences de l'Institut, dans sa séance du 18 août 1836. Annales de la Société séricicole , t. XI , 1847.

description botanique de ce botrytis, qu'il appela d'abord *paradoxa*, et puis *Bassiana* : *Botrytis Bassiana ; floccis densis, albis, rectis, ramosis ; ramis sporidiferis, sporulis subovatis* (1). M. Montagne accepta la détermination de M. Balsamo-Crivelli, y remarqua la plus grande affinité avec le *Botrytis diffusa* (Dittmar), ne l'en sépara que provisoirement, et en modifia la description en ces termes : *Botrytis Bassiana, floccis fertilibus, candidis, erectis, simplicibus dichotomisve, breviter ramosis, ramis sparsis sporidiferis, sporidiis globosis circa apicem ramorum parce collectis, tandem capitato-conglomeratis* (2).

Germination des sporules. Conditions nécessaires pour la germination.

Le Botrytis est une plante qui se reproduit très-facilement par ses séminules, mais il faut qu'elles se trouvent dans des conditions favorables pour germer et se développer, et les principales de ces conditions sont le suc nourricier, un certain degré de température et une suffisante quantité d'air atmosphérique.

Le suc nourricier le plus naturel aux sporules du Botrytis est le sang du ver à soie ; et, en effet, si l'on place entre deux verres des sporules de Botrytis dans une goutte de ce sang, ou bien une goutte de sang d'un ver muscardiné, en moins de deux ou trois jours on y trouve un grand nombre de filaments entrelacés et feutrés d'une manière admirable. Mais ces sporules ne sont pas trop exigeantes ; elles germent et se développent dans le sang humain, dans le sang d'autres insectes, dans le lait, dans l'eau sucrée, dans le miel, dans les solutions de gomme, de mannite, d'ichthyocolle, et aussi, quoique plus difficilement, dans les huiles fixes, dans

(1) Vittadini. — Della natura del calcino o mal del segno. Milano, 1852, page 10.

(2) Montagne. — *Comptes rendus de l'Académie des sciences*, 1836, 18 août.

le suc des feuilles de Mûrier et d'autres végétaux, et même dans l'eau distillée (1). Le milieu dans lequel germent et se développent les sporules influe très-puissamment sur le degré de végétation de la plante ; et on peut dire, en général, que le liquide dans lequel se trouvent mieux dissous les principes organiques est le plus favorable à leur développement. La putréfaction, pourvu qu'elle ne soit pas trop avancée, n'est pas un obstacle à leur germination, et ordinairement le développement de la plante la retarde et même l'arrête. Dans mes expériences j'ai employé presque toujours l'eau sucrée.

Il faut aussi un certain degré d'humidité et de température. S'il n'y a pas assez d'humidité qui empêche l'évaporation du suc nourricier, celui-ci se dessèche, et toute germination devient impossible ; c'est pourquoi on place ordinairement les verres dans des vases au fond desquels on a mis de l'eau, et on les recouvre d'un couvercle, afin d'y conserver une atmosphère constamment humide. Je n'ai pas fait d'expériences spéciales pour déterminer le degré de chaleur le plus favorable à la végétation du Botrytis ; mais je crois qu'en général la chaleur qui s'approche de 20° cent. produit une germination plus prompte et une végétation plus vivace.

Parmi les conditions nécessaires à la germination du Botrytis, j'ai signalé une certaine quantité d'air atmosphérique. Cela pourrait m'être contesté, attendu que, dans le sang du ver, il y a un certain degré de développement de la plante, que moi-même j'ai constaté, et qui se passe dans un liquide sans participation de l'air. Le fait est vrai ; mais il faut l'éclairer et l'interpréter. Avant tout, il faut se rappeler ce que nous avons dit d'après un grand nombre d'observations qui nous sont propres, c'est-à-dire que, dans le sang, quelle que soit la période de la muscardine, il n'y a que très-peu de fi-

___

(1) Vittadini. — Della natura del calcino o mal del segno. Milano, 1852, page 9.

laments, que ces filaments sont, pour la plupart, à peine ébauchés, qu'on n'y rencontre que très-rarement des filaments ramifiés. Tout cela révèle la difficulté qu'éprouvent les sporules à germer et à se développer dans un liquide hors de l'influence de l'air atmosphérique ; et, s'il y a un léger degré de développement, il tient au peu d'air atmosphérique que les ramifications trachéales apportent dans le sang. Au moins, il n'y a pas de doute pour moi que, tandis que dans le sang on trouve à peine quelques échantillons de Botrytis, l'estomac en est rempli, et les autres organes en offrent un grand nombre. J'avais soupçonné d'abord cette influence de l'air sur la germination des sporules, parce que, dans mes observations, surtout dans les cas où leur développement était lent et pénible, je ne rencontrais des filaments que dans les endroits où l'accès de l'air était plus facile, c'est-à-dire tout le long des bords des verres ; et, s'il y en avait dans l'intérieur, je les voyais sortir presque toujours dans le voisinage des bulles d'air. Mais, pour résoudre la question d'une manière décisive, il me fallait une expérience directe; je l'ai tentée, et elle m'a parfaitement réussi. J'ai pris des tubes de verre, et j'en ai fermé un bout à la lampe; j'ai détaché un morceau de ver muscardiné, je l'ai placé entre une petite plaque de plomb, pour empêcher qu'il ne montât à la surface de l'eau sucrée, dont je remplissais ensuite le tube ; enfin je fermais le tube avec un bouchon de liége, et avec de la cire à cacheter je scellais le tout pour défendre toute entrée à l'air. J'attendais quatre ou cinq jours, au bout desquels j'examinais au microscope, couche par couche, le liquide des tubes. Dans une dizaine de ces expériences, il ne m'est arrivé qu'une seule fois de rencontrer des filaments frais de Botrytis, et, cette fois, j'avais pu remarquer des bulles d'air au sommet du tube ; et ces filaments étaient en très-petit nombre et très-peu développés, et uniquement dans la couche superficielle du liquide. C'est par ces faits que je me suis convaincu de la nécessité de l'air atmosphérique pour la végétation et surtout pour la germination des sporules.

Description du Botrytis Bassiana.

Le Botrytis est bien loin de se montrer constamment sous la même forme; au contraire, « les circonstances locales et atmosphériques, dont les effets puissants n'ont pas encore été suffisamment appréciés dans la question du développement de ces plantes, sont de nature à modifier leurs formes extérieures et à en faire de véritables protées; » mais « le *penicillium* obtenu par M. Audouin des séminules du *Botrytis*, pas plus que le *Monilia* de ma cinquième expérience, ne sauraient être logiquement attribués à une métamorphose de notre Champignon, mais bien plutôt à un mode de dissémination des sporules cryptogamiques, que nous ne faisons que soupçonner, mais dont la nature seule a encore le secret (1). » Les modifications de forme par l'influence des conditions extérieures, quelque grandes qu'elles soient, ne représentent jamais une nouvelle espèce, encore moins un nouveau genre.

La forme du Botrytis reçoit des modifications très-importantes des conditions au milieu desquelles il se développe. On peut étudier son développement, entre deux verres, sur le ver à soie muscardiné, et sur la surface libre d'un seul verre. Quand on observe le Botrytis développé des sporules placées entre deux verres dans une goutte de liquide, on voit un réseau plus ou moins riche, presque inextricable, dont les filaments s'anastomosent entre eux, de sorte que, quand le réseau est parvenu à son développement complet, il est très-difficile de déterminer où commence et où finit chaque filament. Quand, au contraire, on observe le Botrytis développé naturellement sur le ver à soie, et que la tranche qu'on en coupe est assez mince, tout près des téguments on voit une touffe très-dense, qui va s'éclaircissant à mesure qu'on s'en éloigne, et c'est ici qu'on trouve la véritable

---

(1) Montagne — *Observations et expériences*, etc. Annales séricicoles. Ann. 1847.

forme des filaments, qui apparaissent nets et distincts. Si l'on fait germer et développer les sporules sur la surface libre d'un verre, le développement de la plante n'est plus gêné par l'autre verre, et on y trouve une forme bien différente ; ce n'est plus le réseau plus ou moins richement entrelacé, mais ce sont des touffes plus ou moins épaisses, selon le nombre des sporules groupées, dont les filaments et leurs ramifications se dirigent tantôt horizontalement, tantôt obliquement, tantôt verticalement. C'est pourquoi il faut rapprocher et éloigner l'objectif du microscope pour observer des filaments qui se trouvent à des niveaux différents. Dans le Botrytis, il faut distinguer le *mycélium*, les *filaments* et les *sporules*.

Si l'on voulait étudier le mycélium dans la végétation artificielle du Botrytis et supposer la même forme au mycélium du Botrytis développé naturellement sur le ver, on s'exposerait à se tromper étrangement. Le Botrytis qui se développe entre deux verres s'étend en surface, parce qu'il ne peut s'élever en hauteur ; c'est pourquoi il se répand en réseau plus ou moins entrelacé et anastomosé : le mycélium, c'est toute la plante. Mais sur le ver il trouve son aliment à sa racine, et lève en haut ses filaments : ainsi il croît en touffes plus ou moins épaisses et serrées. Le développement sur la surface libre d'un verre s'approche beaucoup de la végétation naturelle du Botrytis sur le ver à soie, parce qu'il a la faculté de se développer librement en tout sens. Pour saisir la forme véritable du mycélium du Botrytis naturellement développé sur le ver à soie, il faut suivre la plante dans toute son évolution, depuis sa germination jusqu'à sa pleine végétation ; et il suffit, pour cela, de se rappeler ce que nous avons dit dans le chapitre précédent, et de jeter un coup d'œil sur les figures 9, 10, 11 et 12. On verra alors que le mycélium est composé d'un grand nombre de filaments qui partent du dessous des écailles de l'épiderme : ils ne s'anastomosent pas, mais ils s'enlacent et se suivent de façon à former un tissu inextricable à la base, leur sommité

scule restant encore isolée et distincte. Néanmoins on peut
les démêler et les développer jusqu'à un certain point, en les
pressant et en les frottant entre deux verres, après y avoir
ajouté une goutte d'eau.

Les filaments, en général, sont droits, à peine un peu
courbés au sommet; mais, lorsque la végétation a lieu entre
deux verres, on les voit bien souvent flexueux. Il y en a de
simples, mais le plus grand nombre et les plus importants
sont ramifiés : la ramification, ordinairement, est simple,
mais bien souvent les rameaux eux-mêmes se subdivisent.
Leur longueur est variable ; quand leur accroissement est
complet, ils atteignent ordinairement un millimètre : on en
rencontre très-souvent de plus courts; mais quelquefois on
en trouve qui mesurent un millimètre et demi, et même 2 millimètres. Les plus longs, je les ai trouvés dans l'estomac;
mais on en obtient de plus longs encore par la germination
artificielle entre deux verres. Leur diamètre n'est pas moins
variable que leur longueur, et les plus grandes différences
de diamètre se rencontrent dans les développements artificiels, parce qu'il y a une plus grande variété dans la quantité et la qualité du suc nourricier. Il n'est pas difficile de
voir des filaments qui ont à peine un six-centième de millimètre de diamètre, tandis que d'autres en ont un d'un deux-
centième de millimètre et même davantage. Les plus grands
que j'aie vus, je les ai obtenus de la germination des sporules
dans le lait ; et, dans la végétation naturelle sur les vers, il
m'est arrivé presque toujours de trouver ceux de l'estomac
plus grands et mieux nourris que ceux des téguments. En
général, dans les conditions normales et ordinaires, le diamètre des filaments est d'un quatre-centième de millimètre.
Ils ont presque toujours le même diamètre dans toute leur
longueur; à peine s'amincissent-ils un peu à leur extrémité.
On en trouve quelquefois qui sont manifestement renflés vers
la pointe; mais nous verrons tout à l'heure que cela tient à
une manière exceptionnelle dans la formation des filaments.
Ils sont blancs, parfaitement lisses et entièrement transpa-

rents ; ils sont creusés en tubes, et leur cavité, avant la période de la fructification, est sans doute remplie d'un liquide (fig. 13 et 14).

Les filaments qui s'élèvent en haut se ramifient à leur extrémité, et forment une espèce de cime ou corymbe. Il y a une grande variété dans cette ramification terminale, qui dépend du nombre et de la longueur des rameaux (fig. 15). C'est dans le tube de ces ramifications qu'on rencontre le plus grand nombre de sporules, et on les a appelées rameaux fertiles ou sporidifères : à la vérité, le filament principal ne présente que très-rarement des sporules dans son canal, quand il y en a assez dans ses ramifications ; mais on aurait tort de le regarder comme tout à fait stérile, parce que souvent il y en a dans le filament aussi bien que dans ses rameaux, et que, toutes les fois que les filaments sont couchés sur le verre, ils sont presque toujours interrompus par des nœuds qui sont des sporules.

Les rameaux qui se sont levés en haut, soit obliquement, soit verticalement, entrent dans le travail de la fructification ; les autres, qui sont couchés sur la surface du verre, ou ne donnent pas de sporules, ou n'en donnent qu'un très-petit nombre : c'est peut-être à l'action de l'air atmosphérique, qui manque ou est insuffisante, qu'il faut attribuer cette anomalie. D'abord on commence à voir le tube des filaments « obscurément cloisonné et parcouru par des granules exactement sphériques, à peu près d'égal diamètre et disposés en séries interrompues par des intervalles pellucides. Les granules qui doivent devenir des sporidies ou contribuer à leur évolution ne se voient distinctement qu'en faisant mouvoir le diaphragme du microscope.» Un peu plus tard, «les globules de l'intérieur des tubes sont plus nombreux : on commence à en observer le long et à l'extérieur des filaments ; ils occupent, au nombre d'un à quatre, l'extrémité des ramules qui se voient, alternes ou opposés, sur les filaments principaux, ou bien ils sont fixés en chapelet le long de ceux-ci, ou enfin disposés çà et là sans aucun ordre, par suite de leur multitude innombrable (1). » Les sporules naissent dans le liquide qui remplit le tube des filaments et surtout des rameaux : c'est d'abord un petit point qui ne change pas la forme du filament, et ne s'aperçoit que par une diminution de transparence ; ses bords ne sont pas encore bien dessinés. A mesure que le globule s'accroît et grandit, sa forme est mieux dessinée et ses bords mieux définis ; le liquide diminue, les parois du tube s'affaissent, et les granules se voient manifestement renflés ; et il paraît alors que le diamètre du filament se rétrécit dans l'endroit occupé par la sporule ; c'est une illusion qui dérive de l'affaissement des parois (fig. 16). Le procédé dans la formation des sporules s'observe très-clairement dans les filaments couchés, parce que, les sporules étant plus rares, il y a un plus grand intervalle entre elles, et les rapports entre le tube, le liquide et les granules se distinguent plus nettement.

On a dit que les « sporules sortent libres et parfaitement isolées des sommités des rameaux qui les renferment, se réunissent autour d'eux et des rameaux voisins au moyen du liquide visqueux qui les enveloppe, et forment ainsi peu à peu ces espèces d'amas qui donnent à toute la plante l'aspect d'un pampre énorme chargé de grappes (2). » C'est aussi l'opinion de M. Montagne. « Si l'on me demande maintenant, dit-il, comment je conçois que, après leur sortie du tube, les séminules puissent rester fixées le long des filaments, je répondrai que cela ne me semble explicable qu'en les supposant recouvertes d'un léger enduit visqueux qui favorise leur adhérence. Sans le secours de cette supposition, il serait impossible d'imaginer qu'elles fussent susceptibles de se grouper ainsi symétriquement à l'extrémité des rameaux. La plus légère agitation de l'air suffirait pour les disperser au loin à mesure que, poussées au dehors par celles

---

(1) Montagne. — *Observations et expériences*, etc. Annales séricicoles, année 1847.

(2) Vittadini. — Della natura del calcino o mal del seguo. Milano, 1852, page 7.

qui les suivent, elles se détacheraient du filament. Ce qui, d'ailleurs, prouve assez bien la présence d'une viscosité particulière due à la tunique fournie par le sommet du tube, c'est la diffluence rapide qu'on observe dans les séminules, dès qu'on expose un Botrytis et, en général, une mucédinée fructifiée à l'action d'une goutte d'eau : toutes les sporidies abandonnent à l'instant les supports sur lesquels elles sont régulièrement groupées, et à la symétrie la plus élégante succèdent le désordre et la confusion (1). » Il résulte de mes observations que les séminules ne sortent pas du tube, ni dans les filaments ni dans leurs rameaux ; elles y restent pendant que le liquide visqueux se dessèche, et que les parois du tube s'affaissent et se fanent. Ces parois adhèrent alors aux séminules, et se rétrécissent dans les intervalles qui séparent une séminule de l'autre ; c'est ainsi qu'on voit les groupements en séries régulières se soutenir librement dans l'air. Quand le desséchement est complet, les parois, collées aux sporules, deviennent cassantes dans les intervalles ; c'est pourquoi l'action de l'eau, ou tout autre mouvement, les sépare et les bouleverse. Ainsi, chaque sporule aurait deux enveloppes : l'une, qui s'est formée à son origine dans le liquide visqueux du tube ; l'autre, qui s'est ajoutée à la première, et qui appartient aux parois du tube qui les renferme. Les formes différentes qu'on rencontre dans les observations au microscope ne permettent pas de douter de ce fait : les rameaux fructifiés retiennent parfaitement la forme et la disposition des rameaux avant la fructification, sauf un changement de direction qui tient au desséchement du liquide contenu dans les tubes (fig. 17). Les filaments simples et droits donnent des sporules en ligne ; les filaments simples et recourbés, les sporules en chapelet, les rameaux en cime ou corymbe, les sporules groupées en forme de têtes ou capitules. Mais ce qui met le comble de l'évidence à cette manière de concevoir le groupement et la disposition des spo-

---

(1) Montagne. — *Observations et expériences*, etc., page 7.

rules, c'est qu'on ne voit pas de restes de tubes qu'on devrait rencontrer à côté des sporules qui en seraient sorties.

Les sporules ont, en général, le même diamètre que les filaments : lorsqu'elles ne sont pas assez mûres, elles sont plus petites ; parvenues à leur développement, elles occupent l'intérieur du tube, et par conséquent leur diamètre est plus petit que celui du tube de la double épaisseur des parois ; mais, dès que ces parois se collent aux sporules, les diamètres deviennent égaux. Les sporules n'ont pas toutes les mêmes dimensions : leur diamètre varie un peu selon le diamètre des tubes où elles se sont formées ; elles ont, en général, un diamètre d'un quatre-centième de millimètre : il y en a de plus petites et de plus grandes, mais ce sont des exceptions peu fréquentes. Leur figure est presque parfaitement sphérique : on en trouve qui paraissent un peu allongées ; mais au commencement de leur formation elles semblent un peu aplaties. Elles sont blanches, un peu opaques à leur circonférence, parfaitement transparentes au milieu ; elles sont simples, homogènes, sans noyau central ; c'est une espèce de vésicule remplie d'un liquide. « On y découvre par les réactifs une action légèrement acide, et, quand on les traite avec de la potasse, elles dégagent de l'ammoniaque (1). »

Reproduction du Botrytis Bassiana.

La reproduction naturelle du Botrytis se fait par la dissémination de ses sporules ; c'est la propagation par semailles. Ordinairement d'une sporule ne sort qu'un seul filament : quelquefois deux sporules germent et produisent chacune leur filament, mais les deux filaments se rencontrent bout à bout, se réunissent, adhèrent et se soudent ensemble, de façon à en constituer un seul ; d'autres fois, de la même sporule on voit sortir deux filaments. Mais dans le plus grand

---

(1) Vittadini. — Della natura del calcino o mal del segno. Milano, 1832, page 6.

nombre de cas, un seul filament vient d'une seule sporule. Les choses ne se passent pas ainsi dans la végétation artificielle, surtout lorsqu'on entasse un grand nombre de sporules sur le verre : dans ce cas, il arrive très-souvent de voir un grand nombre de filaments composés de sporules juxtaposées. J'ai pu voir et suivre le développement de ces espèces de filaments : les sporules, en germant, s'allongent, puis se rencontrent, et se disposent en lignes qui représentent des filaments et des rameaux : d'abord les bouts rapprochés conservent leur figure, puis, se poussant l'un contre l'autre, s'aplanissent un peu, et les angles rentrants deviennent plus obtus : ensuite les cloisons se détruisent, à peine en voit-on des restes, et les angles deviennent des courbes ; enfin les courbes et les vestiges des cloisons disparaissent, et le filament est parfaitement cylindrique (fig. 18 et 19).

M. Vittadini a constaté que « si l'on met à germer quelques sporules de Botrytis dans une goutte d'eau distillée, ou mieux encore dans une goutte de solution très-étendue d'ichthyocolle légèrement acidulée par du vinaigre distillé, et qu'on empêche l'évaporation du liquide, en plaçant le verre sous une petite cloche qui baigne dans l'eau ; lorsque, après deux ou trois jours de demeure, selon le degré plus ou moins élevé de température, on observe cette goutte liquide au microscope, on la trouve toute remplie de petits corpuscules très-minces, de figure ovale plus ou moins allongée, transparents, homogènes, libres et flottants dans le liquide à la manière des infusoires. Ces corpuscules, qui ne sont autre chose que des conidies, on les voit sortir alternativement des parois très-minces et des extrémités des premiers bourgeons des sporules, auxquels ils restent pendant quelque temps attachés par une de leurs extrémités comme des fruits mûrs. Leur origine est due aux granules ovoïdes contenus dans la cavité de ces bourgeons, qui, dans la végétation ordinaire, sont destinés au développement progressif du thallus et des rameaux fertiles. Les conidies, à peine détachées de la plante mère, pourvu qu'elles soient dans des conditions favorables, continuent à

croître, et se transforment en de véritables thallus botrytiques. Si elles ne rencontrent pas des conditions favorables, elles
demeurent presque stationnaires dans le liquide, ou bien
continuent à se multiplier, et donnent origine, comme les
bourgeons dont il a été question, à d'autres conidies, qui
sont elles-mêmes fécondes de nouvelles générations. Le mode
d'évolution de la conidie diffère essentiellement de celui des
sporules; il se rapproche du mode de développement des
bulbes et des gemmes des phanérogames (1). »

CHAPITRE V.

ÉTIOLOGIE DE LA MUSCARDINE.

La recherche des causes d'une maladie n'est pas l'objet
d'une simple curiosité, mais c'est un sujet très-important et
souvent même indispensable pour en fixer le traitement rationnel. Il est donc nécessaire de rechercher les causes de la
muscardine, et, afin de mettre un certain ordre dans cette
recherche, nous adoptons la distribution communément
suivie par les médecins dans l'examen étiologique des maladies : il nous faut donc examiner les causes *prédisposantes*,
les causes *occasionnelles* et la cause *déterminante* de la muscardine.

Causes prédisposantes.

On peut distinguer deux espèces de causes prédisposantes :
celles qui tiennent à une constitution particulière de l'économie, soit innée, soit arrivée par des changements naturels
de l'organisation, qui rend les animaux plus capables de recevoir et de féconder les germes d'une maladie, c'est ce

(1) **Della natura del calcino o mal del segno.** Milano, 1852, page 8.

qu'on appelle plus spécialement *prédisposition*; et celles qui sont étrangères à l'économie, n'ont pas une nature spéciale, et par leur action ne suffisent pas pour produire la maladie, mais seulement telles modifications organiques qui en facilitent le développement. Je ne connais pas de dispositions organiques innées qui puissent naturellement favoriser le développement du Botrytis, et, si quelqu'un les a supposées, personne ne les a démontrées. Ainsi j'examinerai ce sujet relativement à l'âge, à la mue, à l'état, à la race, à la constitution, à la quantité de sang et aux maladies qui affectent le ver à soie.

Age. Il est sûr que, chez l'homme, une des sources les plus importantes de prédisposition, c'est l'âge. En effet, il n'y a pas de doute que plusieurs maladies, très-communes dans l'enfance, ne se rencontrent presque jamais dans l'âge mûr; et, au contraire, bien des maladies très-familières aux vieillards sont inconnues aux enfants. Cela tient à ce que les tissus, les organes, les appareils et les systèmes organiques, dans les différentes périodes de la vie, restent si profondément modifiés, et les uns acquièrent ou perdent tant de prépondérance sur les autres, que les facultés physiques et morales de l'homme en restent essentiellement changées. Ce qui est vrai de l'homme l'est aussi des animaux ; et le ver à soie lui-même, malgré la très-courte durée de son existence, n'échappe pas à cette loi ; car, si sa vie est très-courte, les actions et réactions organiques en sont très-puissantes, de sorte que, pendant sa vie de trente jours, il acquiert un accroissement étonnant. C'est ainsi que l'on peut entendre pourquoi certaines maladies, très-communes dans les premiers âges du ver à soie, ne se rencontrent jamais ou presque jamais dans son plein accroissement, et d'autres, au contraire, très-communes dans le dernier âge, ne se voient jamais dans les premiers.

La muscardine, en général, peut atteindre le ver à soie dans tous les âges : on croit vulgairement que, dans le premier et même dans le second âge, la muscardine ne se montre jamais sur le ver , mais c'est une erreur ; car, comme nous l'avons vu plus haut, on ne voit pas de moisissure sur les vers, lorsqu'ils n'ont que très-peu de sang, quoiqu'ils soient morts de muscardine. C'est seulement à l'aide du microscope qu'on peut, dans ces cas, découvrir le botrytis : et c'est précisément ainsi que j'ai pu constater la présence de ce champignon dans les vers du premier et du second âge, que j'avais placés au milieu d'un foyer d'infection muscardinique et que je trouvais morts sans aucune apparence extérieure de la maladie. Mais, s'il est certain qu'il n'y a pas d'âge dans lequel le ver à soie soit à l'abri de la muscardine, il faut convenir que c'est dans le premier âge qu'il est plus difficile, et que c'est dans le dernier qu'il est plus facile de la contracter : et même, dans le dernier âge, il faut distinguer deux périodes, l'une qui s'étend de la dernière mue à l'accroissement complet du ver, l'autre depuis l'accroissement complet jusqu'au moment où il commence à travailler son cocon ; c'est précisément dans la première qu'il est plus exposé à l'infection muscardinique.

Si on voulait chercher la cause de cette prédisposition plus remarquable dans un âge que dans un autre, et plus dans la première que dans la seconde période du cinquième âge, on la trouverait aisément dans la voracité du ver et, par là, dans la quantité de feuilles qu'il dévore. En effet, de tout ce que nous avons dit plus haut, il découle que l'estomac est la voie la plus commune d'introduction des sporules dans l'intérieur du ver : en conséquence, plus il avale de feuilles, plus il peut avaler de sporules tombées sur les feuilles ; et, si dans la période de la maturité la prédisposition diminue, c'est que dans cette période l'appétit du ver diminue ; il mange moins, et les chances d'infection diminuent aussi.

C'est à cause de cette prédisposition des vers plus avancés dans leur développement que les dommages produits par la muscardine sont incalculables dans les magnaneries qui en sont infectées ; car c'est précisément quand le ver a dévoré toute la feuille, qu'il en est surpris et tué ; le magnanier y.

8

perd les frais et les fruits de l'éducation, au moment où il est près de les recueillir : c'est un naufrage à l'entrée du port.

Mues. Pendant les mues, le ver est très-peu exposé à l'infection de la muscardine, parce que, dans tout le travail qui les accompagne et les constitue, le ver cesse de manger et change les téguments et une partie de ses membranes intérieures. Ainsi une des plus importantes voies de communication est fermée, celle de l'estomac ; et, si quelques sporules se déposent sur les téguments ou s'insinuent dans les trachées, le ver s'en délivre en se débarrassant des téguments et de la membrane externe du commencement des trachées. Un jour ou deux avant et après les mues, la prédisposition à cette maladie n'est pas trop prononcée ; et probablement c'est parce que, dans ce temps, il ne mange que très-peu de feuilles.

État. Dans les trois états du ver à soie, la larve, la chrysalide et le papillon, il y a tant de différence, qu'on dirait que ce sont plutôt trois espèces différentes d'animaux que trois états du même animal. Cette différence ne se borne pas simplement aux apparences extérieures ; elle est, au contraire, essentielle, anatomique et physiologique. En effet, si l'on regarde les formes organiques extérieures et intérieures, on trouverait plus d'analogie entre l'homme et le chien qu'entre la larve et le papillon : et, pour concevoir toute l'importance de ce fait, il suffit de rappeler que dans la larve il n'y a que deux fonctions prédominantes, la digestion et la respiration ; que dans le papillon, si la respiration persiste, il n'y a plus de digestion, et à sa place se déclare une nouvelle fonction, la fonction reproductive ; que dans la chrysalide tous les efforts de l'activité vitale sont dirigés vers cette profonde transformation organique, qui doit soutenir la transformation essentielle de fonctions et de vie. Or c'est à cette transformation organique que doit être attribuée la différence de prédisposition à la muscardine dans la larve, dans la chrysalide et dans le papillon. En effet, si la chrysalide provient d'un ver sain, lorsqu'il va se former dans son cocon, elle ne peut plus être infectée de la muscardine, parce que son cocon est pour elle un abri sûr et infranchissable pour les sporules botrytiques, une espèce de cordon sanitaire à l'abri de toute violation. J'ai placé un grand nombre de cocons au milieu d'un foyer d'infection, et je les y ai laissés jusqu'à ce que les papillons en soient sortis : je n'en ai pas eu un seul qui m'ait montré la chrysalide infectée ; tous m'ont donné le papillon bien portant. Mais, s'il est impossible aux germes de la muscardine de pénétrer au travers des mailles du cocon et de parvenir jusqu'à la chrysalide, il ne l'est pas de lui communiquer artificiellement la maladie, en coupant le cocon et en la saupoudrant de cette poussière blanche et impalpable de la muscardine. Cette infection artificielle ne réussit pas toujours, elle manque même très-souvent ; mais je l'ai constatée bien des fois, de manière qu'on peut affirmer, sans craindre d'être démenti, que le ver à soie, en état de chrysalide, est moins disposé à contracter la muscardine qu'en état de larve ou de papillon, et qu'elle en est garantie par son cocon, non pas par son organisation. Cette disposition est encore plus faible, lorsque le travail de la métamorphose est plus avancé ; ce qui tient probablement à l'approche de la mue, pendant laquelle le papillon, en quittant les téguments et la membrane interne des grandes trachées, pourrait laisser sur ses dépouilles les sporules botrytiques, et sortir du cocon libre de tout germe de la maladie.

Bien plus facilement qu'à la chrysalide s'attachent les sporules à la larve et au papillon, et il m'a paru que cette disposition était encore plus remarquable dans le papillon que dans la larve. Je ne voudrais pas affirmer ce fait avec toute assurance ; mais, ce qui me semble parfaitement démontré, c'est que, dans le papillon, la muscardine se montre plus promptement, parcourt plus rapidement ses périodes, et que sa forme est plus obscure et plus incertaine, comme il a été dit plus haut.

Race. J'ignore si l'on a fait des observations et des expériences sur l'influence que la différence de race peut avoir à augmenter ou affaiblir la disposition des vers à la muscardine. Mais, comme la différence de race est fondée principalement sur des modifications organiques profondes et permanentes, qui changent et altèrent plus ou moins la constitution de l'animal, il ne serait pas étrange de supposer que la disposition à certaines maladies se ressent plus ou moins de l'influence de la race. Mais ce n'est plus qu'une supposition, et, quelque raisonnable qu'elle soit, il ne nous est pas permis d'en parler davantage; il faut attendre des faits et des observations qui viennent éclairer la question.

Constitution. A part les différences de race, il y a dans les vers de la même race une différence de constitution, ou innée par la faiblesse ou la force naturelle du germe dans l'œuf, ou acquise par le grand nombre de causes capables d'augmenter ou d'affaiblir la force naturelle du ver; c'est un fait démontré, et il n'y a pas un magnanier qui n'en soit convaincu. Or ce degré de force et de validité dans le ver peut rendre l'infection plus ou moins facile; et « tous les éducateurs sont d'accord à affirmer que les vers les mieux nourris et les mieux soignés, les plus robustes et les plus sains, en général, sont frappés de préférence par la muscardine. Il règne parmi les campagnards un ancien proverbe : quelques vers trouvés çà et là sur les claies, morts de muscardine, sont un indice d'abondance, et de l'état florissant des vers et de la bonne réussite de toute l'éducation (1). » En effet, si la muscardine attaque les vers faibles aussi bien que les sains et robustes, c'est dans ceux-ci qu'on la rencontre plus ordinairement, et qu'on y voit une moisissure plus riche; car les bien portants dévorent plus de feuille et, partant, peuvent introduire dans leur estomac un plus grand nombre de sporules, qui, recevant dans la grande quantité d'humeurs un

---

(1) Vittadini. — Della natura del calcino o mal del segno. Milano, 1852, p. 27.

aliment plus homogène et plus abondant, germent en grand nombre et déploient une végétation plus riche et plus vigoureuse.

 Quantité de sang. Je ne crois pas que la quantité du sang influe de quelque manière pour rendre plus ou moins facile le développement du botrytis sur le ver à soie ; car, si les sporules parvenues dans l'estomac s'attachent bien à ses parois, elles y trouvent toujours assez de suc nourricier pour germer et se développer. Mais la quantité de sang influe très-puissamment sur le degré de vigueur dans la végétation et sur l'épaisseur des touffes qui vont se développer sur les téguments du ver : c'est un fait que j'ai constaté sur les vers mourants ou morts de muscardine, qui promettaient la moisissure la plus riche ; je leur ai fait perdre bien du sang par des piqûres, et j'ai obtenu une moisissure très-légère et très-imparfaite.

Maladies. On a dit que les vers atteints par quelque autre maladie ne sont pas attaqués par la muscardine (1). Il n'y a pas de maladie qui puisse garantir le ver à soie de la muscardine, et il n'est pas difficile de la voir quelquefois attaquer des vers malades, les harpions, les flats, les passis, les jaunes, et même ceux qui meurent de gangrène noire (2).

---

(1) « Le botrytis ne peut pas se développer sur le corps d'un ver à soie atteint d'une maladie quelconque. La moindre altération existante, soit à la partie graisseuse ou charnue, s'oppose au développement du cryptogame. Qui sait, maintenant, si, sans être malades, les vers à soie de certaines contrées n'ont pas inhérent à leur organisation le palliatif ennemi du botrytis ? » J. Charrel. *Traité des magnaneries*. Paris, 1848, page 130.

« Des vers à soie atteints d'autres maladies (harpions, flats, luzettes, jaunes ou gras) ne sont pas morts muscardinés, quand nous avons projeté sur eux la semence muscardinique ; ils semblent impropres à sa végétation, et, quand ils succombent à leurs maladies, ils restent mous et tombent bientôt en putréfaction. » Guérin-Méneville dans Charrel, *ibid.*, page 133.

(2) « Le 24 juin 1831, on inocula, avec de la poussière botrytique, un ver affecté de jaunisse, dont le sang était déjà parfaitement dissous, quoique encore acidulé. Il succomba le matin du 26, et, à cinq heures du soir, son cadavre était déjà dur et rougi, sauf la portion comprise entre

Mais il faut convenir que ce sont des cas un peu rares, et que la muscardine exerce ses ravages beaucoup plus sur les vers sains et bien portants que sur les malades ; et c'est encore, par la même raison, la quantité de feuille avalée par les vers, qui donne plus de chances d'infection. En effet, tous les vers malades, quelle que soit leur maladie, perdent un peu ou tout à fait l'appétit, et par là, ou ils cessent de manger, ou ils mangent bien moins que les sains : voilà pourquoi les vers malades ne sont pas absolument à l'abri de l'infection, mais qu'ils y sont moins sujets que les autres ; et ce n'est pas par le changement de disposition organique causé par la maladie, mais c'est par le changement de besoins qui éloigne les causes déterminantes de la muscardine.

Ainsi il n'y a pas de disposition naturelle ou acquise qui puisse garantir le ver à soie de la muscardine : l'âge, la crise des mues, l'état de larve, de chrysalide ou de papillon, la race, la constitution, la quantité de sang, les maladies enfin, peuvent diminuer ou augmenter la prédisposition du ver à cette terrible maladie, mais le ver y reste toujours plus ou moins sujet.

Causes occasionnelles.

On appelle *occasionnelles* les causes qui, de près ou de loin, concourent plus ou moins puissamment à la production d'une maladie. Une cause occasionnelle peut, à elle seule, donner naissance à une maladie ; mais bien souvent la

---

le premier et le cinquième anneau cutané : cette portion était encore molle, d'une couleur grise-noire et finit par se putréfier. »

« Si les vers inoculés, depuis quelques jours, avec de la poussière muscardinique sont attaqués par la jaunisse, leur sang se montre dissous et parsemé de granules graisseux, mêlés aux thallus botrytiques naissants. S'ils succombent dans cet état, ils noircissent dans quelques endroits comme les vers surpris par la gangrène noire ; en d'autres, ils rougissent et durcissent comme les vers muscardinés. Ensuite c'est presque toujours le botrytis qui prédomine, de façon que les parties noircies elles-mêmes durcissent, et le cadavre du ver se momifie en entier. » Vittadini.—Della natura del calcino o mal del segno. Milano, 1852, page 28.

même maladie reconnaît plusieurs de ces causes; et la même cause occasionnelle, dans des circonstances différentes, peut produire différentes maladies. Quand il s'agit de maladies de nature commune, c'est aux causes occasionnelles qu'il faut s'adresser pour en connaître l'origine; mais, lorsqu'il est question de maladies de nature spécifique, ce n'est plus le cas de rechercher les causes occasionnelles, mais il faut une cause spécifique comme la nature de la maladie. Cependant, même dans les maladies de nature spécifique, l'étude des causes occasionnelles n'est pas tout à fait inutile, parce que, si elles ne contribuent pas à la production de la maladie, elles concourent, du moins, à en modifier l'intensité, la forme, la marche, la durée, les terminaisons, et c'est seulement sous ce rapport que nous allons aborder l'examen de cet ordre de causes.

Air atmosphérique. Je n'ai pas d'observations propres à ce sujet; mais je puis invoquer le témoignage du plus célèbre des magnaniers, M. Dandolo, qui, en 1818, fit beaucoup d'expériences dans le but de chercher la véritable cause de la muscardine. « Les vers à soie d'une once d'œufs furent transportés, après la première mue, dans un petit atelier, et élevés jusqu'au cinquième jour du cinquième âge sans presque jamais renouveler l'air. Aucun ver ne fut atteint par la muscardine. On plaça dans le même atelier un certain nombre de vers à soie dans des boîtes. Après la troisième mue, l'air était vicié au point qu'il ne contenait plus que 7 à 8 centièmes d'oxygène. Les vers moururent presque tous sans présenter aucun caractère de la muscardine (1). » Une expérience analogue a été faite par M. d'Arcet : de douze vers, sept en moururent, deux se changèrent en chrysalide sans faire leur cocon, trois seulement donnèrent un mauvais cocon. D'un autre côté, il n'y a ni observations bien constatées, ni expériences assez concluantes, desquelles on

---

(1) *L'Art d'élever les vers à soie*, traduit de l'italien par M. Fontaneilles. Paris, 1843, page 290.

puisse déduire que l'impureté de l'air entre pour quelque chose dans la production de la muscardine. Ainsi le principe théorique est confirmé par les faits de la pratique, c'est-à-dire qu'une cause de nature commune ne produit pas une maladie de nature spécifique. Cependant il ne faut pas nier que la pureté ou l'impureté de l'air atmosphérique pourrait très-bien modifier le degré de disposition dans le ver et la forme de la muscardine pendant la vie et après la mort. Mais ce n'est pas l'impureté, c'est la pureté de l'air qui augmente la disposition à la maladie et favorise la végétation de la mucédinée ; car un air pur donne des vers bien portants, qui ont bon appétit, mangent beaucoup et peuvent avaler un grand nombre de sporules botrytiques, et ces sporules, y trouvant une assez grande quantité de suc nourricier, germent en grand nombre et donnent des pousses vigoureuses et touffues.

Température. Ni l'excès de chaleur, ni l'excès de froid, ni les fréquentes alternatives de froid et de chaleur ne peuvent être considérés comme des causes occasionnelles de la muscardine. Je vais puiser à la même source, à l'ouvrage de M. Dandolo, les expériences sur l'influence de la température et de ses vicissitudes sur la santé des vers à soie. « Une certaine quantité de vers à soie sortis de la première mue furent élevés à 10 degrés de chaleur, et on eut soin de les faire passer graduellement à cette température. Ils employèrent le double de temps pour arriver d'une mue à l'autre. A la quatrième, ils n'avaient que la moitié du poids de ceux qui sont élevés avec les degrés de chaleur connus ; quoiqu'ils fussent grands comme à l'ordinaire, il y eut beaucoup d'inégalité dans leur travail, et une partie fut atteinte de la maladie dite *gultine* (harpions). Les cocons ne pesèrent qu'à peu près le tiers du poids ordinaire, et il n'y eut pas un seul muscardin. »

« Les vers élevés à 14 degrés de chaleur employèrent quarante-trois jours, depuis leur naissance jusqu'à la cinquième mue : deux tiers périrent. Ils n'eurent jamais l'as-

pect de la vigueur. Ils ne seraient pas montés au bois, si on
n'avait pas élevé la température. Le peu de cocons qu'il y
eut furent de qualité médiocre. Beaucoup furent petits et
très-légers. Aucun ver ne fut atteint par la muscardine. »

« Les vers élevés à 15 degrés de chaleur mirent quarante
jours depuis leur naissance jusqu'à l'accomplissement de la
cinquième mue. Ils montrèrent peu de vigueur. Ils cher-
chaient les endroits chauds ; beaucoup périrent à la montée :
les cocons furent légers ; point de muscardins. »

« On choisit des vers de mauvaise santé, on les exposa à
une haute température, afin d'exciter en eux la sueur, et,
d'après l'opinion commune, les guérir de la maladie de la
calcination, qu'on supposait avoir commencé. La température fut portée insensiblement de 25 à 30 degrés. Les vers ne
suèrent pas. Ceux qui étaient vraiment malades périrent sans
que la calcination se manifestât; les autres parcoururent le
cours de leur vie avec régularité. »

« On plaça les vers à soie d'une once d'œufs à l'étage supérieur de l'établissement, et on les laissa exposés aux variations atmosphériques, qui furent grandes cette année,
jusqu'au moment où ils montèrent au bois. Il en périt beaucoup, mais il n'y en eut pas un de calciné. »

« Des vers éclos spontanément, ayant été élevés tantôt à
une basse, tantôt à une haute température, à chaque mue il
en périssait beaucoup, et sur 3,900 il en restait 3,600 au
moment de la montée, un grand nombre desquels étaient
petits et malades. Il n'y eut que 1,200 cocons de bonne
qualité (1). »

Ces expériences viennent à l'appui de l'observation constante, que la muscardine est tout à fait indépendante de la
température et de ses vicissitudes; de sorte que l'on peut
affirmer que ni le froid, ni la chaleur, ni leurs alternatives
ne peuvent figurer parmi les causes occasionnelles de la
muscardine.

---

(1) *L'Art d'élever les vers à soie*, traduit par M. Fontaneilles. Paris,
1845, page 290.

Humidité et sécheresse. Il n'y a pas d'expériences ni d'observations desquelles on puisse déduire la part que l'humidité et la sécheresse peuvent avoir dans la production de la muscardine ; quant à l'humidité, j'ai fait des essais, en élevant des vers dans des boîtes avec de la feuille mouillée exprès toutes les fois que je leur donnais des repas : c'était le plus grand degré d'humidité qu'on pouvait donner aux vers, qui restaient toujours au milieu de feuilles mouillées, et en les mangeant ils introduisaient encore une certaine quantité d'eau dans leur estomac. Ces vers étaient placés dans un petit cabinet où j'élevais dans d'autres boîtes d'autres vers mêlés aux cadavres de vers muscardinés pour leur communiquer la maladie. Il m'est arrivé de voir que, de ces vers nourris de feuille mouillée, quelques-uns mouraient d'autres maladies, harpions surtout, quelques autres prenaient la muscardine, la plus grande partie faisaient leur cocon. Ainsi on ne peut pas dire que l'humidité soit favorable ou contraire à la muscardine. La sécheresse, considérée absolument, doit être nécessairement contraire à la muscardine, qui vit de l'humidité : mais, quelle que soit la sécheresse d'un atelier, elle ne peut jamais, sans tuer le ver, faire manquer le suc nourricier indispensable à la végétation de la mucédinée.

Climat. Il est un fait certain, c'est que, dans les contrées méridionales de l'Italie, la muscardine est presque inconnue : dans l'Italie centrale, on en voit souvent des exemples ; dans l'Italie septentrionale et dans la France, la muscardine fait des ravages affreux dans les magnaneries. On pourrait conclure de cette observation que le climat entre pour beaucoup dans la production de la muscardine, mais ce serait un jugement précipité : je ne sais pas s'il y a ou non de la muscardine en Espagne et en Syrie ; mais, à ce qu'en dit M. Stanislas Julien, la muscardine n'est pas inconnue en Chine (1);

---

(1) *Résumé des principaux traités chinois sur la culture des Mûriers et sur l'éducation des vers à soie.* Paris, 1837, page 37.

et, d'après M. Charrel, la muscardine est plus commune dans le midi que dans le nord de la France (1). Ainsi il paraît que ce n'est pas au climat ou au degré de latitude, mais à d'autres circonstances qui n'ont pas encore été déterminées, qu'il faut attribuer ce fait, qui attend encore sa véritable interprétation.

Défaut de transpiration. On a fait, en général, trop de cas de la transpiration cutanée dans la production des différentes maladies du ver à soie : c'est une idée que les magnaniers ont empruntée à la pathologie de l'homme, et qu'ils ont tout simplement appliquée à la pathologie du ver à soie. Ce n'est pas ici le lieu d'entamer la discussion de cette question, sur laquelle je ne crois pas devoir réformer l'opinion que j'ai émise ailleurs (2); et je me borne à citer seulement l'opinion de M. Dandolo pour montrer quelle importance on a attachée à cette cause de maladie. « Le ver à soie, croissant en proportion du poids qu'il acquiert, mange une quantité de substance végétale fraîche qui, comme je l'ai déjà dit, contient beaucoup d'eau excédante, et des matières étrangères dont il a besoin de se débarrasser. Voici ce qui arrive : cet insecte n'a proprement ni poumon ni organes urinaires. Le seul moyen qui lui reste, après le tube intestinal, est celui de la transpiration cutanée. Il peut bien évacuer, par ce moyen, l'eau et les substances acides et alcalines qui sont en dissolution ; mais, n'ayant pas la faculté d'uriner, comme font les animaux domestiques herbivores, il reste dans son corps une partie des substances terreuses qu'il a prises par les aliments, lesquelles s'y accumulent insensiblement, ce dont nous avons la preuve, puisqu'il les évacue mêlées à des substances acides ou alcalines quand il est devenu papillon. Il résulte de ceci que si, par manque de soin, la transpiration de cet insecte s'arrête, il se fait certaines attractions chimiques qui ne sont

---

(1) *Traité des magnaneries.* Paris, 1848, page 126.
(2) Trattato teorico-pratico della coltivazione del gelso e del governo del filugello. Torino, 1854, page 199.

pas encore bien connues ; c'est à ces attractions qu'on doit attribuer les diverses maladies du cinquième âge, etc. (1).

Un curé lombard, M. de Capitani, avait avancé que la muscardine n'était autre chose qu'une affection catarrhale produite par la suppression subite de la transpiration ; et M. Dandolo fit un grand nombre d'expériences, dans le dessein de déterminer cette suppression subite de transpiration pour en obtenir cette singulière affection catarrhale ; mais, toutes ses expériences n'aboutirent à rien , il n'eut pas un seul cas de muscardine. C'était un argument péremptoire : néanmoins son esprit pratique fut entraîné par sa préoccupation théorique ; et, tout en admettant la même cause, il en donna, comme nous le verrons plus avant, une autre interprétation.

On a fait jouer à la transpiration cutanée un rôle beaucoup plus important qu'elle n'a réellement. Le ver à soie ne peut pas suer, parce qu'il manque de glandes sudorifiques propres : donc il ne peut pas être question de sueur, mais seulement de transpiration insensible. Cette même transpiration ne peut pas être trop énergique, attendu que les téguments du ver sont durs, arides et presque cornés ; que sa circulation est toute lacuneuse et presque stagnante, parce que le mouvement du sang est plus une ondulation qu'une progression ; que son organisation manque tout à fait de réseau capillaire. A toutes ces conditions, qui ne sont pas favorables à une abondante transpiration cutanée, j'ajoute le principe dominant dans les fonctions du ver à soie en état de chenille, c'est-à-dire la prépondérance des fonctions de composition sur celles de décomposition, et une grande transpiration ne serait pas en accord avec ce principe. Mais, quelle que soit la puissance de cette fonction, quels que soient les dangers liés à ces désordres, toujours est-il que, jusqu'à présent, il n'y a pas un seul fait qui nous autorise, je ne dis pas à croire,

---

(1) *L'Art d'élever les vers à soie*, traduit par M. Fontaneilles. Paris, 1845, page 271.

mais même à soupçonner qu'elle soit une cause capable de produire la muscardine.

Aliment. Le ver à soie ne se nourrit que de feuilles de Mûrier; tout autre aliment ne saurait lui convenir; il le refuse, et s'il en mange, pressé par la faim, en peu de jours il en meurt. C'est dans la qualité de la feuille que quelques écrivains ont cru voir la première origine de la muscardine. M. Berti-Pichat dit avoir plusieurs fois répété que la *vie du Mûrier est le thermomètre de la vie du ver à soie;* il trouve un rapprochement entre le *mal blanc* produit par le *rhizoctonia Mori* et la muscardine causée par le *Botrytis Bassiana;* et il croit que « la cause consiste dans un excès de vigueur de l'aliment, ou, pour parler le langage scientifique, dans une dose excédante d'azote contenu dans la feuille; » de sorte que « la cause de la maladie qu'on cherche dans le ver doit être, au contraire, recherchée sur la plante (1). » M. l'abbé Langoin avait observé sur des feuilles de Mûrier en putréfaction une espèce de botrytis, probablement le *B. cana* de Kunze et Schmidt, et il y crut voir la source de la muscardine, et dans ce sens il publia son mémoire sur l'*unique et véritable origine de la muscardine.* Nous aurons à examiner plus loin cette question; quant à présent, il suffit de rappeler que la feuille ni trop tendre, ni trop dure, ni mouillée, ni sèche ne saurait contribuer à la production de la muscardine; que, quel que soit l'âge du Mûrier, quel que soit le terrain où il végète, quelle que soit son exposition, quelle que soit la taille qu'il subisse, rien ne peut faire que ces circonstances ou autres analogues puissent avoir quelque part dans l'origine de la maladie. Ni la quantité d'aliment non plus ne peut y contribuer, si ce n'est dans ce sens, que le ver en avalant un plus grand nombre de feuilles peut recevoir un plus grand nombre de sporules botrytiques et

---

(1) Allevamento de' bachi da seta secondo la pratica di Carlo Berti-Pichat. Torino, 1851, page 93.

leur présenter une plus grande quantité de suc nourricier (1).

Soins de l'éducation. En passant en revue les différents sujets de soins dans l'éducation des vers à soie, nous trouvons avant tout le choix des œufs. Je ne crois pas impossible que les germes de la maladie demeurent tout autour de l'œuf; mais je ne crois pas possible qu'ils se trouvent dedans : jusqu'à présent, les observations de M. Dandolo, de M. Bénard et les miennes ont prouvé que ce n'est jamais de l'œuf que vient la muscardine. Nous reviendrons, dans quelques instants, sur ce sujet.

On ne peut pas l'imputer aux mauvaises méthodes d'éclosion, parce que, soit qu'on les laisse éclore spontanément, soit qu'on les fasse éclore dans le sein des femmes, soit qu'on les fasse éclore dans les couveuses selon toutes les règles de l'art, indépendamment de la méthode suivie, la muscardine se développe ou ne se développe pas, selon qu'il y a ou qu'il n'y a pas la véritable cause qui la produit.

Le nombre des repas, soit qu'on n'en donne pas plus de quatre, soit qu'on les porte à dix ou douze dans les 24 heures,

---

(1) M. Charrel se montre disposé à voir dans la nature de la feuille la véritable cause occasionnelle de la muscardine. « Il est bien positif, dit-il, que la feuille qui croît dans les contrées méridionales contient des sucs bien différents de celle produite par les Mûriers du Nord : les parties sucrées, la gomme-résine y sont plus abondantes : qui sait si ce n'est pas à cette différence, qui modifie la composition charnue de l'insecte, qu'est due la prospérité de ce cryptogame dans le Midi ? La présence du sucre détermine, dans toutes les fermentations où il abonde, le développement de mucédinées à efflorescence blanche ; qui sait si sa présence dans la feuille du Midi n'est pas une des causes principales de la ténacité de cette maladie dans ces contrées, et si les feuilles du Nord ne contiennent pas un palliatif, un acide ou une substance qui paralyse la puissance germinative du cryptogame botrytis ? Ces suppositions, à mon avis, sont d'autant plus admissibles que, s'il n'existait pas quelque cause de cette nature, la muscardine aurait, depuis longtemps et de proche en proche, envahi toute la France. » *Traité des magnaneries.* Paris, 1848, page 126. Mais on pourrait demander à M. Charrel pourquoi, en Italie, on observe un fait tout à fait inverse ; pourquoi, dans les contrées centrales et méridionales, on ne rencontre que très-rarement quelques cas de muscardine, tandis que l'Italie septentrionale en est désolée.

et la distribution de la feuille, quelque régulière ou irrégulière qu'elle soit, n'entrent pour rien dans la production de la maladie.

Le défaut d'espacement n'est pas non plus une cause de muscardine. « Des vers, dit M. Dandolo, furent tenus très-épais sur les claies pendant tout le temps de leur éducation. Ils périrent presque tous sans offrir les caractères des muscardins (1). » Et, d'après ce que j'ai dit plus haut sur la pureté de l'air, il n'est pas raisonnable de voir une cause de muscardine dans l'air méphitique qui se développe des litières, quand on n'a pas le soin de les changer assez souvent.

En général, tous les observateurs sont d'accord que les soins les plus minutieux, les plus diligents, les plus rationnels ne suffisent pas pour préserver une magnanerie du fléau de la muscardine, et qu'au contraire le manque de tout soin, l'abandon presque complet des vers ne suffit pas pour y déterminer le développement de la maladie. En d'autres termes, la muscardine est une maladie tout à fait indépendante des causes occasionnelles communes ; ainsi il faut lui trouver une cause déterminante particulière et spécifique, qui doit être considérée comme la seule capable de la produire.

Cause déterminante.

On dit *déterminante* une cause, quand c'est à son action qu'est due la maladie, quels que soient, d'ailleurs, la nature de la cause et le caractère de la maladie. Ainsi on distingue deux ordres de causes déterminantes : celles de nature commune, qui ne peuvent produire que des maladies de nature commune ; et celles de nature spéciale, qui produisent des maladies de caractère spécifique. Dans le premier cas, la même maladie peut reconnaître, dans les diverses circon-

---

(1) *L'Art d'élever les vers à soie*, traduit par M. Fontancilles, Paris, 1845, page 291.

stances, différentes causes comme déterminantes ; mais, dans l'autre, la même maladie ne peut être déterminée que par la même cause. C'est à cet ordre qu'appartient la cause déterminante de la muscardine.

Nous avons vu que, ni parmi les causes prédisposantes, ni parmi les occasionnelles, on n'en peut trouver une seule qui puisse donner naissance à la muscardine : c'est donc à une cause spécifique qu'il faut s'adresser ; et, d'après tout ce que nous avons dit jusqu'à présent, la recherche n'en est pas difficile ; ce sont les sporules botrytiques.

Cette cause est la seule qu'on puisse admettre, parce qu'elle est parfaitement démontrée par l'observation dans toutes les périodes et dans toutes les phases de la maladie. Je l'ai trouvée dans l'estomac, quand les vers montraient à peine les premiers symptômes de la maladie ; dans presque tous les organes et dans le sang, à une période plus avancée ; sur les téguments à divers degrés de végétation, après la mort. Et dans les cas équivoques, quand on ne voit rien à l'œil nu, le microscope découvre toujours cette cause spécifique de la maladie ; et, comme nous le verrons tout à l'heure, elle nous fournit l'interprétation naturelle et spontanée de tous les phénomènes de la muscardine.

CHAPITRE VI.

CONTAGION. — VOIES D'INFECTION. — MARCHE DE LA MUSCARDINE.

Contagion.

La muscardine est une maladie contagieuse ; on dit qu'une maladie est contagieuse, quand elle provient d'une cause qui, en se reproduisant et se multipliant sur le corps malade, peut se transmettre aux sains, dans lesquels elle produit la même maladie. C'est le caractère des maladies contagieuses d'avoir pour causes des substances de nature toute particulière et spécifique, qui ne sont jamais substituées dans leur action par des causes communes, quels que soient leur nature, leur force, leur action, leur nombre, leur combinaison, leur durée. C'est précisément le cas de la muscardine, qui est produite par les sporules du *Botrytis Bassiana*, qui est une cause essentiellement spécifique, parce que c'est une plante parasite d'une espèce particulière et définie : et ses sporules, en germant et végétant sur le ver à soie, se reproduisent en nombre prodigieux, et multiplient infiniment la cause morbide; et la maladie qui en résulte est toujours la même, parce que la plante ne peut pas changer d'espèce. Voilà donc que le caractère contagieux de la muscardine se contient implicitement dans la nature de la cause qui la produit : ainsi, si avant la découverte de M. Bassi il était permis de douter de la contagion, maintenant qu'on connaît la cause de la maladie, le doute ne peut plus être justifié.

Mais la contagion n'est pas seulement un fait d'induction ; c'est aussi un fait d'observation et d'expérience. Même avant la découverte de M. Bassi, bien des médecins, entre autres M. Nysten, s'étaient prononcés pour la nature contagieuse de la muscardine : à présent c'est un fait incontestable, qui a été mis hors de doute par le grand nombre d'expériences directes, en déterminant le développement de la maladie au moyen des sporules botrytiques dont se compose la poussière qui recouvre les vers muscardinés.

En effet, on a produit la muscardine sur les vers en inoculant la poussière muscardinique au moyen de piqûres : c'est la méthode pratiquée habituellement, par M. Audouin, dans ses recherches sur la muscardine ; méthode aussi facile que vicieuse, parce que, si elle ne manque presque jamais de réussite, elle se fonde sur un procédé violent qui suit une voie qui n'est jamais suivie par la nature. C'est un procédé qui n'a rien de naturel, qui est tout à fait artificiel, car la nature ne blesse pas les vers pour leur communiquer la mus-

9

cardine ; et c'est à cette vicieuse méthode d'infection artificielle que doit être attribuée l'erreur de ce savant sur le siége
de la maladie.

Un procédé d'infection, moins sûr, mais bien plus naturel
que le précédent, est celui que j'ai employé dans toutes mes
expériences sur la muscardine. Je plaçais, dans des boîtes, les
vers que je voulais muscardiner : je leur donnais la feuille
souvent et en petite quantité ; sur la feuille je plaçais un certain nombre de vers muscardinés, et, pour mieux assurer la
réussite de l'opération, je répandais, sur la feuille, de la poussière muscardinique, en secouant ou en raclant les vers muscardinés. Je répétais cette opération, toutes les fois que je
leur donnais le nouveau repas ; et, chaque fois que j'en ôtais
les restes, je replaçais, sur la feuille fraîche que je venais de
leur donner, les vers muscardinés, et j'y répandais de nouveau la poussière muscardinique. Depuis trois ans que je
m'occupe de muscardine, j'ai obtenu par ce procédé un
grand nombre de vers muscardinés ; seulement, dans cette
année (1836), je n'en ai obtenu que très-peu, et la maladie
n'était pas parfaitement développée. Ainsi il ne peut pas être
question du caractère contagieux de la muscardine.

Il ne faut pas croire qu'il soit toujours très-facile de déterminer l'infection. Je connais des personnes, M. le professeur de Filippi, par exemple, qui, malgré tous les soins,
n'ont pas réussi à communiquer la maladie ; et moi aussi,
cette année, si je n'ai pas tout à fait échoué, je ne puis pas
dire avoir bien réussi. Je ne sais pas quelles sont les conditions que demandent les sporules pour s'attacher aux vers
et germer ; il y a peut-être quelque disposition que nous
ignorons, et qui peut en préserver les vers ; il peut aussi arriver que des conditions atmosphériques spéciales s'opposent
à la communication de la maladie ; il n'est pas impossible
qu'une autre maladie dominante et épidémique prenne la
place de la muscardine et en rende très-difficile l'infection.
Je ne sais rien des causes qui peuvent donner origine à ce
fait ; mais il est certain que quelquefois on ne réussit pas

à produire l'infection, malgré toute la diligence possible.

Cette résistance du ver au principe contagieux de la muscardine devait être dans les vues providentielles de la nature ; car, si la communication de la maladie était plus facile, toute éducation serait impossible, attendu le nombre infini de sporules que peut fournir un seul ver muscardiné. En effet, nous avons vu que le diamètre moyen d'une sporule est à peu près d'un quatre-centième de millimètre : calculons donc sur cette donnée le nombre de sporules que l'on peut attendre d'un ver atteint de la muscardine parfaitement développée. Il faut réduire en surface toute la peau du ver : je suppose, et ce n'est certainement pas trop, que les téguments d'un ver muscardiné déployés mesurent un centimètre de largeur sur quatre centimètres de longueur. Supposons que sur cet espace les sporules botrytiques soient disposées en lignes, l'une après l'autre. Sur la longueur d'un millimètre, nous en aurons quatre cents ; donc, pour 10 millimètres, quatre mille : c'est le petit côté du rectangle ; le côté plus long, étant quatre fois plus grand, en contiendra quatre fois autant, c'est-à-dire seize mille. Si l'on veut savoir maintenant quel est le nombre des sporules dans tout l'espace du rectangle, il suffit de multiplier un côté par l'autre, quatre mille par seize mille, ce qui nous donnera soixante-quatre millions de sporules. Ce résultat paraîtra peut-être étonnant ; et pourtant, ce n'est pas tout : il faut y ajouter l'épaisseur de la croûte muscardinique. Il n'est pas rare de trouver des endroits où l'épaisseur atteint le millimètre ; mais, en compensant l'un par l'autre, on peut compter sur un demi-millimètre d'épaisseur. Cependant on n'est pas sûr que l'espace soit parfaitement tout rempli de sporules : retranchons-en encore une moitié, et réduisons à un quart de millimètre l'épaisseur moyenne de la croûte muscardinique, ce qui nous donnera cent sporules l'une sur l'autre, c'est-à-dire soixante-quatre milliards de sporules. Mais, pour éloigner tout danger d'exagération dans le calcul, renonçons aux neuf dixièmes de l'épaisseur ; il nous restera, sur le ver-muscardiné, rien moins que six cent quarante millions de sporules! Ainsi, un seul ver peut fournir la matière d'infection pour bien des magnaneries, et une centaine de vers auraient de quoi infecter toutes les magnaneries de l'Europe. C'est donc, comme je le disais tout d'abord, une mesure providentielle de la nature, que ce ne soit pas chose facile de communiquer le principe contagieux aux vers sains.

Si le principe contagieux de la muscardine se résume tout entier dans les sporules du botrytis, il est clair que les mêmes lois doivent régler la maladie du ver et la végétation de la plante. Ainsi la diffusion de la muscardine se traduit dans la dissémination des sporules, lesquelles, étant très-légères, sont soulevées par l'agitation la plus faible de l'air et retombent sur les claies et sur tous les ustensiles de l'atelier, s'attachent aux murs, aux portes et aux fenêtres, et pénètrent dans toutes les fentes de la magnanerie ; quelquefois même, portées sur les ailes des vents, elles font de longs voyages et introduisent la muscardine dans des magnaneries qui n'en avaient jamais présenté des exemples. Une fois une magnanerie ainsi infectée, il est très-dangereux d'y entreprendre des éducations, parce qu'il est à craindre de voir les claies ravagées par la muscardine au moment même où l'on s'attend à recueillir le fruit des peines qu'on a prises et des frais qu'on a avancés. Cette crainte, d'ailleurs, n'est pas mal fondée ; c'est pourquoi, dit M. Robinet, « si, malgré tout ce qu'on aura pu faire, la muscardine se montre de nouveau sérieusement, il faut faire hardiment le sacrifice d'une ou deux éducations, laisser l'atelier sans emploi pendant deux années, vendre sa feuille, et recommencer seulement après cette longue interruption (1). » Je connais des éducateurs qui se sont vus obligés de renoncer à toute éducation pendant plusieurs années, parce que la muscardine se présentait toutes les fois qu'ils recommençaient leurs éducations.

En vérité, il n'est pas possible de préciser combien de

---

(1) *Manuel de l'éducateur des vers à soie.* Paris, 1848, page 232.

temps suffit pour délivrer une magnanerie de l'infection muscardinique, ou, en d'autres termes, combien de temps se conserve dans les sporules la puissance germinative. On sait qu'il y a des semences qui la perdent en peu de temps; il en est d'autres qui la conservent pendant bien des années, et peut-être aussi pendant des siècles. Il faudrait donc connaître la durée de la puissance germinative dans les sporules botrytiques ; je ne connais que très-peu d'expériences faites dans ce but (1); quant à moi, je me suis assuré qu'à deux ans les sporules botrytiques sont encore capables de germer, et j'ai mis de côté des vers muscardinés de 1854 pour continuer ces recherches, mais il faut du temps. En attendant, j'ai bien des raisons pour croire que cette faculté dans les sporules doit durer plusieurs années, parce que, comme je le dirai plus tard, elles résistent aux causes les plus puissantes de destruction.

Les mêmes conditions, qui sont très-favorables à la germination et au développement du botrytis, sont des conditions indispensables pour le maintien de la vie des vers à

---

(1) Ce sont M. Bassi et MM. Guérin-Méneville et Eugène Robert qui ont cherché à résoudre cette question, qu'en général on a négligée, et qui est une des plus importantes pour savoir combien on peut compter sur quelques méthodes préservatives de la muscardine. Nous avons vu, dans la partie historique, que tous les trois regardent comme très-variable la durée de la faculté germinative des sporules botrytiques, et c'est à peine s'ils leur accordent une durée de deux années. Mais parmi les expériences de MM. Guérin-Méneville et Eugène Robert il y en a une à ce sujet qui mérite, à mon avis, bien plus de considération que ces auteurs eux-mêmes ne lui en ont accordée. Ils ont obtenu, du contact de vers muscardinés de huit ans avec vingt-cinq vers dans une boîte, une fois huit, une autre fois trois vers muscardinés, et ils en ont conclu que la muscardine de huit ans n'est pas contagieuse, parce que, « si les muscardins de huit ans étaient contagieux, ce ne seraient pas trois vers qui seraient morts, ou huit vers, mais bien tous les vers, comme dans nos expériences sur la muscardine de l'année (Recherches, etc., page 43). » Je crois que c'est une conclusion précipitée, d'autant plus qu'ils avaient le moyen de s'en assurer, en plaçant les sporules de ces vers à germer, ce que l'on n'a pas fait. Je ne prétends pas en déduire la conclusion contraire, mais je ne puis accepter l'autre sans des preuves plus décisives.

soie : la chaleur, l'humidité et l'air atmosphérique. Des sporules botrytiques germent et végètent passablement à 15° c. ;
de 20 à 25°, la végétation du botrytis est très-vigoureuse ;
à 15°, le ver à soie ne résiste pas très-longtemps ; il lui faut
la température de 20 à 25° pour bien vivre. Le ver à soie ne
pourrait vivre sans le sang qui baigne tous ses organes, et le
sang du ver est le plus homogène et le plus riche des sucs
dont se nourrit le botrytis. La respiration dans le ver est une
fonction non moins importante que la digestion et la circulation, ce qui est démontré par la mort subite des vers dont
on a fermé les stigmates par un enduit gras, l'huile ou le
beurre, par exemple ; et l'air qui pénètre, au moyen des
nombreuses ramifications des trachées, dans tous les endroits
de l'économie du ver, fournit au botrytis tout ce qu'il lui faut
d'oxygène pour germer et se développer. Ainsi, dans les
conditions essentielles à la vie du ver à soie, le botrytis trouve
les conditions les plus favorables à la végétation.

Voies d'infection.

La muscardine, dans tous les cas qui ne sont pas dus à
l'inoculation de la poussière muscardinique, commence dans
l'intérieur du ver ; elle accomplit toutes les périodes dans
les viscères et ne se montre à l'extérieur qu'un ou deux jours
après la mort. La cause déterminante de la muscardine,
les sporules du botrytis, est essentiellement extérieure ; il
faut donc, pour produire la maladie, que ces sporules soient
introduites dans les viscères du ver par quelqu'une des voies
qui, de l'extérieur, mènent à l'intérieur de son corps. Or
il n'y a que trois voies qui puissent permettre l'introduction
des sporules botrytiques dans l'intérieur du ver ; ce sont l'estomac, les téguments et les stigmates.

Il est difficile de déterminer la voie parcourue par les sporules, parce que leur ténuité les dérobe à la vue, et par conséquent on ne peut pas les suivre dans leur marche. Néanmoins il y a des faits qui peuvent révéler cette marche, qui

permettent de mesurer l'importance de chacune de ces trois voies d'infection, et je suis convaincu que, selon l'état de chenille, de chrysalide ou de papillon, l'importance passe d'une voie à l'autre.

Je n'ai pas le moindre doute que, dans le ver à l'état de larve, les plus importantes des voies d'infection sont la bouche et l'estomac; j'en ai des raisons très-concluantes. Avant tout, si l'on calcule la surface occupée par la feuille dévorée par le ver à son développement complet, on trouve qu'elle dépasse un grand nombre de fois la surface des téguments; ainsi il y a plus de chance de recevoir un grand nombre de sporules. Mais ce qui est un argument d'induction devient une vérité démontrée par l'observation, parce que j'ai trouvé, dans les excréments des vers, des sporules qui, placées dans les conditions favorables à la germination, ont donné des réseaux magnifiques de botrytis. Ce n'est pas tout; j'ai trouvé, sur les cellules épithéliales de la membrane interne de l'estomac, un certain nombre de sporules; j'ai surpris ces sporules germantes sur des morceaux de cette membrane, et je les ai vues sortir du dessous de ces cellules. En outre, lorsque la maladie est parfaitement développée, en ouvrant les vers et en observant au microscope ses organes et ses humeurs, on rencontre, dans l'estomac, des touffes de filaments parvenus à la dernière période de leur végétation, tandis qu'ailleurs on les trouve à peine ébauchés ou peu développés. Enfin, ce qui prouve le peu d'importance des autres voies d'infection dans le ver à l'état de chenille, c'est que ni sur les téguments ni sur les trachées on ne rencontre aucune trace de botrytis, quand l'estomac en est déjà encombré.

Cette importance des voies digestives cesse tout à fait et devient parfaitement nulle, quand le ver mûrit et commence à filer son cocon, parce qu'alors il cesse de manger, et que ses organes digestifs finissent par se rétrécir, de sorte que le long et mince œsophage du papillon n'a plus aucun office, si ce n'est de donner passage à ce liquide alcalin dont le papillon mouille le bout de son cocon avant d'en sortir. Il n'y a plus alors que deux voies d'infection : les téguments et les stigmates. Je dois avouer que je n'ai pas, à ce sujet, d'observations assez précises pour déterminer quelle est l'importance de chacune de ces deux voies; c'est seulement par induction tirée de l'organisation des téguments et des stigmates, que je penche à croire que c'est par les stigmates bien plus que par les téguments que les sporules pénètrent dans le corps de la chrysalide et du papillon, dans le papillon surtout, attendu la rapidité avec laquelle il en meurt ; car il suffit, pour le tuer, que des touffes de botrytis ferment l'ouverture des stigmates et en empêchent l'accès à l'air atmosphérique.

Nous verrons, dans le chapitre suivant, qu'il n'est pas rationnel d'admettre que la muscardine puisse se communiquer par la génération, c'est-à-dire que le principe contagieux puisse être contenu dans l'œuf; mais il n'est pas impossible que les sporules soient déposées sur les œufs, et que les vers en soient atteints au moment qu'ils en sortent. Je ne garantis pas ce fait ; au contraire, les expériences de M. Dandolo, de M. Bérard et les miennes prouveraient que la muscardine ne se développe pas des œufs. « Les vers à soie, dit M. Dandolo, nés d'une demi-once d'œufs produits par des papillons atteints de la muscardine furent élevés avec les soins ordinaires. Tout le cours de leur vie fut régulier , ils furent beaux jusqu'à leur montée, et firent de bons cocons (1). » M. Bérard , de Montpellier, infecta artificiellement des œufs en les agitant dans une boîte avec des vers muscardinés; il les fit éclore, et les suivit jour par jour jusqu'à leur transformation en chrysalide , sans qu'il en eût rencontré un seul attaqué de muscardine (2). Pendant deux années consécutives, j'ai fait éclore des œufs que j'avais obtenus de papillons restés au milieu d'un foyer, et je n'ai eu

(1) *L'Art d'élever les vers à soie*, traduit par M. Foutancilles. Paris, 1845, page 291.

(2) *Annales de la Société séricicole*. Année 1837, page 236.

jamais de muscardine attribuable aux œufs. Il est donc difficile que la maladie se communique au moyen des œufs ; au moins il n'y a pas encore un fait positif et assuré qui le prouve.

Il me suffit d'avoir indiqué ici les voies d'infection ; dans le chapitre suivant je dois revenir sur ce sujet pour fixer la pathogénie de la muscardine. Ici nous avons vu par quelles voies et comment les sporules pénètrent dans le ver ; après, nous verrons comment elles se répandent, se développent et se succèdent dans les différentes périodes de la maladie.

Marche de la muscardine.

Nous avons fait l'histoire des phénomènes de la muscardine depuis son commencement jusqu'à la momification complète du ver ; nous en avons vu la marche dans l'individu. Maintenant il nous faut en étudier la marche dans toute une société de vers : ce serait l'étude de la muscardine sous son rapport social, et c'est précisément sous ce rapport que l'étude de la muscardine intéresse la magnanerie et l'industrie de la soie.

Il arrive très-souvent que la muscardine se présente sporadique ; c'est le cas de la maladie dans les régions centrales et méridionales de l'Italie. « En Toscane, Dieu merci ! elle ne fait pas beaucoup de mal ; on n'en connaît pas même le nom, quoique tous les ans, même chez nous, quelques vers y succombent. Personne n'y songe ; mais cependant il y a eu quelque paysan qui a perdu tous ses vers de cette manière (1). » D'après ce qu'en dit M. Berti-Pichat, la muscardine est très-rare dans les États romains, au point qu'en **1845** on crut empoisonnés quelques vers qui en furent attaqués au moment de la montée (2). Je puis assurer que dans le

(1) Lambruschini. — Del modo di custodire i bachi da seta. Firenze, 1854, page 229.
(2) Allevamento de' bachi da seta. Torino, 1851, page 61.

royaume des Deux-Siciles la muscardine est presque inconnue, et c'est à peine si on en rencontre quelques cas isolés dans quelques endroits. C'est un privilége dont on ne connaît pas la cause. La forme sporadique se rencontre encore assez souvent même dans les pays où elle est devenue une maladie commune, car il n'est pas rare de voir quelques vers succomber à la muscardine sur quelques claies de l'atelier, et tous les autres achever leur cocon et accomplir leur métamorphose. C'est précisément le cas des paysans lombards, lorsqu'ils les acceptent comme le signal d'une riche récolte.

Mais, s'il en était ainsi, on n'aurait pas trop de raison pour se plaindre de la muscardine : elle ne causerait pas de pertes sensibles. Le fléau des magnaneries n'est pas la muscardine sporadique, mais l'épidémie : c'est sous cette forme qu'elle cause des ravages affreux, et produit des pertes incalculables. Or ces ravages et ces pertes sont proportionnels au degré de diffusion épidémique de la maladie. Quelquefois l'épidémie est assez limitée pour permettre à une certaine quantité de vers de faire leur cocon, et alors le magnanier, s'il est frustré de ses gains, peut, au moins, rentrer dans ses capitaux; mais dans d'autres cas la diffusion de l'épidémie est si générale dans la magnanerie, qu'il n'en échappe que très-peu de vers, et le magnanier y perd ses gains, ses avances et ses frais.

L'épidémie de muscardine peut survenir tout à coup, ce qui est très-rare. Mais c'est dans le cinquième âge qu'un grand nombre de vers en sont attaqués en même temps, et en peu de jours toute la magnanerie en est infectée, et on voit toutes les claies jonchées de morts et de mourants. Mais, dans la plupart des cas, la forme épidémique est précédée par la sporadique : c'est presque toujours par des cas isolés que commence la muscardine; ces cas deviennent tous les jours plus nombreux, et enfin se déclare l'épidémie.

C'est toujours dans le cinquième âge qu'on rencontre l'épidémie de muscardine, et il n'est pas rare de voir que dans

les vers à l'état de chenille la muscardine se montre sporadique pour devenir ensuite épidémique dans les chrysalides.
C'est parce que la maladie apparaît un peu tard, et la plus
grande partie des vers en ont été infectés, quand ils étaient
tout prêts à faire le cocon, que la maladie, contractée par le
ver à l'état de chenille, se développe dans le ver à l'état de
chrysalide. Dans ces circonstances on trouve les cocons très-
légers, attendu que toute l'humidité du ver s'est dissipée :
le magnanier évite alors une grande partie des pertes, mais
il ne trouve plus son compte à vendre ses cocons, parce qu'il
y perdrait presque la moitié de leur valeur; il lui convient
d'en tirer la soie à son compte (1).

D'après les observations de M. Charrel, que je dois supposer bien informé, la muscardine épidémique fait quelquefois irruption subite dans les ateliers où elle n'existait pas
précédemment, ce qui est très-naturel, et elle en disparaît quelquefois l'année suivante, ce qui est un peu extra-
ordinaire. Mais, quelle que puisse en être la cause, toujours
est-il que ce serait un de ces faits qui se rencontrent dans
toutes les maladies épidémiques et contagieuses qui ne déro-
gent pas à la marche ordinaire des épidémies. Une fois la
magnanerie infectée, pendant toutes les éducations qui s'y
succèdent les années suivantes, la muscardine ne manque
presque jamais de reparaître, tantôt sous forme sporadique,
tantôt sous forme épidémique plus ou moins diffuse.

Si on voulait chercher pourquoi la muscardine se pré-

---

(1) Voici le calcul que j'ai consigné dans mon livre sur la *culture du
Mûrier et sur l'éducation des vers à soie*. Turin, 1854, page 386.

1,000 poids de cocons d'où sont sortis les papillons donnent		
en soie....................................	170	00
— dépouille du ver.................	5	75
— dépouille de la chrysalide........	7	25
1,000 poids de cocons qui renferment le ver muscardiné		
donnent en soie..........................	358	00
— ver muscardiné...................	642	00

Ainsi le magnanier, au lieu de 183 et même moins de soie, en donnerait
358, presque le double.

sente tantôt sporadique, tantôt épidémique, et pourquoi ses épidémies sont plus ou moins diffuses, on pourrait en trouver la cause dans la nature même du principe contagieux et dans les soins plus ou moins bien entendus qu'on a des vers à soie. C'est surtout au changement des litières que je fais allusion. En effet, quand on change assez souvent les litières, les vers morts ou mourants de muscardine sont emportés hors de la magnanerie avant que le botrytis ait pu fructifier et mûrir ses sporules qui constituent le principe contagieux de la muscardine. Mais, si le magnanier n'est pas assez diligent, s'il néglige de changer souvent les litières à ses vers, les muscardinés restent longtemps sur les claies ; le botrytis a tout le temps de se développer, de fructifier et de préparer ainsi dans ses millions de sporules les moyens les plus puissants de diffusion. C'est ceci peut-être qui explique toutes les anomalies que la muscardine présente dans sa marche, soit qu'elle envahisse tout d'abord épidémiquement une magnanerie, soit qu'elle commence par des cas isolés et solitaires, soit qu'elle persiste obstinément tous les ans, soit qu'elle disparaisse après sa première invasion. Ce n'est pas ici le lieu de nous arrêter sur ce sujet ; nous y reviendrons quand il sera question des moyens propres à prévenir les épidémies de muscardine.

CHAPITRE VII.

PATHOGÉNIE DE LA MUSCARDINE.

Dans ce chapitre, je chercherai quel est le procédé génétique de la muscardine ; ce sera donc un chapitre tout à fait théorique et dogmatique. Mais, quelle que soit l'aversion qu'on puisse avoir contre toute spéculation dans les questions pathologiques, on doit convenir que, dès qu'on commence à raisonner, on commence à faire de la théorie et de la doctrine : on peut se mettre en garde contre les hypothèses et les théories hasardées; mais renoncer à toute théorie, c'est renoncer à toute espèce de raisonnement. D'ailleurs, tous les médecins ont répété, d'après Hippocrate, qu'il est facile de traiter une maladie dès qu'on la connaît, *cognito morbo, facilis curatio* : mais connaître une maladie n'est pas seulement la distinguer des autres; il faut en déterminer toutes les différences de forme et de variété, préciser toutes les causes qui la produisent ou concourent à la produire, décrire toutes les modifications de forme nosographique et de conditions anatomiques, en fixer la nature, le caractère et la marche, dévoiler le procédé intime par lequel certaines causes parviennent à la produire, enfin déterminer comment certains agents extérieurs peuvent avoir une influence plus ou moins puissante à en modifier la marche; en un mot, connaître une maladie, c'est en avoir posé la véritable théorie. C'est la théorie qui donne la clef de toute connaissance philosophique en médecine; mais, si la véritable théorie est un flambeau dans les ténèbres, une fausse théorie est un phare fallacieux qui détourne du port et mène à faire naufrage dans les écueils et les bas-fonds.

Ainsi les médecins vulgaires, qui ont de la prétention, déclarent la guerre à toutes les théories; mais les médecins savants, en rejetant toute fausse théorie, ne cessent pas de bien accueillir les théories raisonnables, parce que la théorie d'une maladie est toujours la clef de son traitement.

Le traitement curatif et préservatif de la muscardine est un problème qui n'a pas encore été résolu; ainsi il faut encore des recherches, continuées pendant longtemps peut-être, pour parvenir à sa solution. Mais, pour avoir une direction dans ces recherches et pour y mettre de l'ensemble, il faut connaître la nature de la maladie, il faut en poser la théorie. Voilà pourquoi je me suis engagé, dans ce chapitre, à faire l'exposition des principales théories sur la muscardine, et à déterminer le plus nettement que je pourrai la théorie qui est, à mon avis, la plus raisonnable.

Théorie chimique.

M. le comte Dandolo, qui a eu la gloire de rendre scientifique l'art d'élever les vers à soie, a fondé la théorie chimique
de la muscardine. « La maladie, dit-il, appelée le *signe* résulte de fortes attractions chimiques qui ont lieu dans le ver
à soie ; elle équivaut, si je puis m'exprimer ainsi, à une affection pétéchiale, et tend manifestement à décomposer l'animal primitif pour en former un autre d'une nature absolument différente. En effet, lorsque les substances acides,
alcalines et terreuses sont accumulées en grande quantité,
qu'elles se sont rapprochées au point d'exercer cette affinité
que les chimistes appellent réciproque, la substance organique du ver s'altère bientôt et se désorganise. On a des preuves claires de cette désorganisation par les taches ou pétéchies
noires, rouges ou d'autres couleurs qu'on aperçoit sur le
corps de l'insecte, présage de sa prochaine transformation
en un composé chimique solide, et de sa mort par endurcis-
sement. »

« On sait que le ver à soie, comme tous les autres animaux,
ne peut vivre sans l'air vital (oxygène), qui fait la cinquième
partie de l'air atmosphérique. On sait aussi que toutes les
substances en fermentation dégagent en quantité de l'air fixe
ou méphitique (acide carbonique), et que, partout où se fixe
cet acide, il chasse l'air respirable. Cet air fixe, qui n'est pas
respirable, est, comme je l'ai dit, un acide qui peut préserver de la corruption les substances animales qu'il frappe,
lorsqu'elles ont quelque principe propre à se combiner avec
cet acide. Ce phénomène peut avoir lieu dans certaines circonstances pour le ver à soie, chez lequel l'analyse chimique
fait reconnaître des matières acides, terreuses et salines, qui
n'ont besoin que d'un agent, tel qu'un acide, pour faire produire de nouvelles attractions, desquelles il résulte la maladie
qu'on appelle la *calcination*, qui n'est que celle du *signe* dont
l'action chimique est prédominante. L'acide carbonique

peut, pendant quelque temps, frapper le corps du ver à soie sans le faire cesser de vivre, parce que les animaux à sang froid ne meurent pas de suite lorsqu'ils sont plongés dans ce gaz ; mais il peut se faire bientôt au dedans de l'animal des attractions chimiques qui le prédisposent aux maladies citées ci-dessus. Si on n'emploie pas tous les moyens de chasser ce gaz, son action continue au point qu'on peut n'être plus à temps d'empêcher les progrès des actions chimiques qui ont lieu successivement jusqu'à ce qu'enfin ce petit animal soit dans un tel état d'altération qu'il devient un corps d'une nature tout à fait différente de son organisation naturelle. A l'époque de sa vie où il verse la soie, les agents chimiques ont plus d'empire sur lui, et peuvent le convertir, dans un instant, en un composé incorruptible, ainsi qu'on l'observe souvent. J'ai levé avec soin la substance blanche et saline qui formait l'enveloppe des vers calcinés, je l'ai analysée ; et, non content de cela, je me suis adressé à mon ami, M. Brugnatelli, professeur de chimie à Pavie. Cette analyse, ainsi que celle de la substance terreuse que déposent les papillons venant de naître, devait, à mon avis, révéler des faits très-importants, et je ne me suis pas trompé. L'espèce de calcination qui couvre la momie du ver à soie ou de la chrysalide, dans le cocon même, est principalement composée de terre appelée magnésie, d'acide phosphorique et d'ammoniaque ou alcali volatil. On ne trouve pas, dans cette composition, l'acide bombycique, qui est propre à la chrysalide saine. Il paraît donc que cet acide ne s'est pas formé ou qu'il a subi une décomposition, cédant aux attractions et aux affinités plus grandes des autres substances, qui ensuite, combinées entre elles, ont formé le composé salin sus-indiqué, que les chimistes appellent *phosphate ammoniaco-magnésien*(1). »

Le même principe avait été accepté par M. Foscarini, qui, en **1820**, écrivait : « Tout ce que j'ai dit plus haut sur la

---

(1) *L'Art d'élever les vers à soie*, traduit par Fontancilles. Paris, 1845, page 272 et suiv.

durée de la maladie n'empêche pas que le ver à soie ne
puisse être muscardiné, même lorsqu'il est frappé de mort
subite ou d'autres maladies de durée ou de nature différente, et qu'il puisse aussi se vérifier qu'un changement violent de température ait causé la mort à plusieurs vers qui se
sont ensuite muscardinés, car il paraît que la calcination des
vers est une action chimique survenue dans les vers après
leur mort et qui pourrait être produite par des causes différentes (1). »

Mais, au temps où écrivaient MM. Dandolo et Foscarini,
on ignorait encore que cette prétendue matière saline, qui
encroûte les vers muscardinés, n'était pas un sel, mais un
amas de sporules et de filaments en état de collapsus d'une
plante microscopique.

Théorie électro-chimique.

Il est bien naturel qu'avant la découverte de M. Bassi les
écrivains se soient égarés dans la recherche de la cause ca-
chée d'une maladie mystérieuse ; mais n'est-il pas étonnant
qu'après cette découverte, tout en admettant la véritable
cause de la muscardine, il y ait des personnes qui s'éver-
tuent à construire des théories pathogéniques qui mettent
presque à l'écart le botrytis, et en relief d'autres causes
d'une action presque incalculable ? C'est cependant un fait
que nous verrons se reproduire dans la série des hypothèses
qui vont suivre.

La première de ces hypothèses est la théorie électro-chi-
mique proposée par le P. Magrini. Il accepte le botrytis
comme la cause de la muscardine, dont il place le siége dans
le tissu graisseux, où il se nourrit de l'acide séparé sous l'influence de l'électricité. « Dans l'état ordinaire de l'atmosphère,
dit-il, l'électricité que l'air cède à la terre, étant toujours positive, doit déposer, à la surface, des *corps composés acides*.

---

(1) Raccoglitore. Milano, 1820, page 248.

Mais alors ces actions sont très-faibles et n'influent en rien ou que très-peu sur l'économie du ver. Dans les temps orageux, au contraire, lorsque les nuages se trouvent excessivement chargés d'électricité, ces actions deviennent énergiques, et, puisque les humeurs séparées par les vers sur leurs téguments sont ordinairement alcalines, l'électricité positive de l'atmosphère, tendant, dans les temps orageux, à former, sur la peau, des composés acides, devrait contrarier l'exercice des forces organiques. Voilà peut-être pourquoi, quelquefois après un orage, on voit périr des magnaneries tout entières... » Il fait dériver l'action électrique qui agit sur le ver, du conflit qui a lieu sur le tissu graisseux entre la force électro-motrice interne et l'externe dépendante de l'évaporation. « En conséquence, si, par une exsudation exagérée, l'action externe y prédomine, le tissu devient négatif, et il s'y forme des humeurs acides. Ainsi le tissu graisseux se trouve dans une condition favorable au développement de la muscardine, c'est-à-dire *prépare* l'aliment nécessaire aux germes malfaisants (1). » Conséquent à sa théorie, il propose, comme moyen préservatif de la muscardine, une série de paratonnerres qui entourent la magnanerie.

C'est une théorie qui ne mériterait pas même d'être mentionnée, et qui, certainement, ne vaut pas la peine d'être discutée.

Théorie physiologique.

M. Robinet a publié, en 1843, un livre sur la muscar-

---

(1) Giornale italiano di agricoltura in Lombardia. Milano, n. 1°, giugno 1850, page 24.— MM. Cornalia et Brioschi ont introduit aux deux extrémités d'un ver à soie les deux pointes des fils de platine d'une pile : ils ont trouvé acide le sang au pôle négatif, et ont vu, après quelques jours, le ver périr de muscardine. Ce serait un fait très-important, si l'on avait exclu toute possibilité d'importation des sporules botrytiques, mais les auteurs eux-mêmes n'ont pas osé l'assurer. Cornalia. Monografia del bombice del gelso. Milano, 1856, page 345.

dine, dont nous avons déjà rendu compte : c'est maintenant sa théorie que nous allons exposer.

« La muscardine est contagieuse; c'est un fait qui ne paraît pas douteux. Mais il n'en résulte nullement qu'elle ne puisse pas être spontanée (p. 13). » Soit que le botrytis ne soit « que le développement sous la forme végétale des globules des humeurs dont sont composés les vers à soie (p. 19)» d'après M. Turpin ; soit qu'il naisse des germes innés, selon la pensée de M. Bassi, « toujours est-il évident pour l'observateur que la muscardine sera souvent spontanée ou accidentelle; car, enfin, pour admettre le contraire, il faut supposer aussi qu'elle a été de tout temps transmise par voie de contagion ; mais le premier cas, d'où vient-il? qui l'a produit? où a-t-il pris naissance (p. 20)? »

Comme la contagion n'est pas constante, « il paraît évident que certaines conditions sont indispensables dans les organes de l'animal pour que le cryptogame s'y développe. Donc les circonstances qui paraissent favorables au développement de la muscardine sont des circonstances qui ont pour premier résultat une altération des fonctions, des humeurs ou des organes de l'animal vivant, et c'est à la suite de cette altération que le parasite prend naissance (p. 21). »

Il cherche à déterminer ces circonstances, qui seraient les causes capables de produire dans le ver à soie l'altération susceptible de donner naissance à la génération spontanée du botrytis. Il se croit fondé à donner comme certain « que la suppression de la transpiration, par le séjour des vers à soie dans une atmosphère saturée d'eau, ne doit pas être une des causes du développement spontané de la muscardine (p. 32). » Il voit dans l'incubation artificielle dans les *infernales* couveuses une des causes déterminantes de la muscardine (p. 36). L'impureté de l'air, si elle agit lentement et fait passer le ver par différents degrés de maladie ou d'affaiblissement, sera une des causes du développement spontané de la muscardine (p. 55). Les éducations tardives peuvent aussi y contribuer. « L'alimentation insuffisante étant une cause immédiate d'affaiblissement pour le ver à soie sera une circonstance des plus favorables au développement de la muscardine spontanée (p. 53). » Enfin elle « est, pour ainsi dire, inséparable des phénomènes de la sécheresse, et celle-ci est certainement une des causes qui ont la plus grande part dans le développement de la maladie (p. 72). »

Voici comment ces circonstances en favorisent le développement : « rappelons-nous ce qui se passe quand le ver à soie est tué par la suppression de la transpiration. Son corps, gorgé de sucs aqueux et non élaborés, tombe à l'instant en pourriture; la décomposition putride s'en empare, et les thallus du botrytis, s'ils ont pu naître à la faveur de l'inertie du ver, sont entraînés dans sa rapide décomposition; ils disparaissent... »

« Mais si le corps de l'animal est, au contraire, à moitié desséché, si les humeurs sont concentrées par suite de l'énorme transpiration qu'il a eu à souffrir, alors la pourriture ne succédera pas immédiatement à la mort; le cadavre se conservera quelque temps; sa dessiccation, d'ailleurs, marche dorénavant à pas de géant; la peau a perdu toute sa contractilité; elle ne s'oppose plus à l'évaporation rapide des liquides, sollicitée par la sécheresse de l'air. Dans ces circonstances, si différentes de celles que j'ai décrites tout à l'heure, le botrytis aura tout le temps nécessaire pour développer ses thallus : ils envahiront tous les organes, tous les liquides du cadavre; puis, trois jours après, ils lanceront au dehors, sous forme d'une moisissure blanche, les signes non équivoques de la muscardine (p. 73). Je crois donc pouvoir établir en principe que la muscardine apparaîtra spontanément, lorsque le concours de certaines circonstances aura déterminé dans les vers à soie un affaiblissement dans les fonctions vitales (p. 27). »

« D'où résulte cette conséquence, que le botrytis sera *consécutif* et succédera à la décomposition des liquides de l'animal. La maladie du ver précédera la naissance du cryptogame; le botrytis sera un effet et non une cause; c'est

donc sur le ver et sur la conservation de son état normal
que doit se porter toute notre sollicitude. Si le ver conserve
une santé parfaite, si les humeurs ne deviennent ni acides
ni alcalines, la muscardine ne pourra se développer ni par
voie de contagion ni spontanément (p. 24). »

C'est une théorie qui est plus spécieuse que solide, c'est
un tissu d'hypothèses qui n'a pas l'appui des faits. Le développement spontané du botrytis est une supposition gratuite ;
l'affaiblissement des fonctions vitales est contraire au fait généralement reconnu, que les vers les mieux portants sont les
plus exposés à la muscardine ; enfin on ne peut pas regarder
comme consécutif le botrytis, dont le premier développement
n'est pas annoncé par un symptôme quelconque.

Théorie chimico-physiologique.

« La quantité absolue du suc gastrique dans la larve, à
cause de l'énorme largeur de son estomac, ainsi que sa remarquable alcalinité en comparaison de la faible acidité de
son sang, font que l'ensemble des humeurs donne une réaction sensiblement alcaline. Ainsi, sous ce rapport, on peut
affirmer que *le ver sain dans tous les âges de sa vie de larve
est toujours alcalin.* »

« En passant de l'état de larve à celui de nymphe ou
chrysalide, l'estomac se décharge des matières solides et
liquides qu'il contient, se raccourcit et se contracte sur lui-
même, de façon que dans la chrysalide il n'y a que quelques gouttes de la liqueur alcaline primitive. En même temps
le tube intestinal, surtout le cœcum, reçoit un nouveau développement, se dilate peu à peu, et enfin se transforme en
un grand sac, où se réunissent les excrétions qui se forment
successivement pendant ce travail physiologique, et qui se
composent, pour la plus grande partie, d'acide urique. Enfin, changé en papillon, le ver à soie rejette par la bouche,
pour percer le cocon, le dernier résidu de l'humeur alcaline
encore contenue dans l'estomac. D'où il suit que la condi-

tion de l'ensemble des humeurs du ver, alcaline dans la larve, devient peu à peu neutre, puis acide dans la chrysalide, et enfin très-acide dans l'insecte parfait. Voilà le phénomène qui n'avait été, jusqu'ici, remarqué par personne, et qui constitue la base de la nouvelle doctrine de M. Grassi : *le ver devenu chrysalide est encore alcalin; après, il devient neutre, ensuite acide. Changé en papillon, il consomme un dernier résidu d'humeur alcaline, et entre presque tout entier dans une condition acide* (1). »

C'est le côté chimique de la théorie; voici le côté physiologique : « Le ver malade où se manifeste un excès de vitalité rapproche violemment les points extrêmes de tout le cours de sa vie, s'acidifie avant le temps et meurt de muscardine, ou bien il montre de la faiblesse dans sa vitalité, ses forces perdent de leur énergie, et d'abord il devient *passis*; plus tard, il tombe dans la jaunisse, et enfin, en approchant de la maturité pour arriver à un commencement de chrysalide imparfaite, il est surpris par la gangrène noire. Et il conclut, la *muscardine* et la *jaunisse* sont deux maladies du ver, ou mieux encore deux procès vitaux altérés absolument contraires; la *muscardine* est éminemment *acide*, la *jaunisse* est éminemment *alcaline*; la muscardine est un *procès violent*, la jaunisse est un *procès stationnaire*; la muscardine tient à un *excès*, la jaunisse à un *défaut de stimulation* (2). »

Voilà donc le docteur Grassi qui reconnaît le botrytis comme la cause de la muscardine; mais son esprit n'est pas satisfait : il l'oublie, il se perd dans des recherches chimiques et physiologiques qui ne peuvent aboutir à rien. Et M. Bassi, tout en combattant avec acharnement la théorie de M. Grassi, finit par en accepter le principe; c'est-à-dire que la muscardine doit être attribuée à un excès d'acide, car il lui « semble voir que toutes les circonstances reconnues généralement

---

(1) Vittadini. — Della natura del calcino o mal del segno, page 14.

(2) Giornale italiano di agricoltura in Lombardia, n° 1, giugno, 1850, page 5.

comme favorables au développement de cette maladie sont
aussi capables de faciliter la formation et la concentration de
cet acide (1). »

Théorie pathologico-botanique.

Nous avons vu que M. Robinet regardait le botrytis comme
conséquence de l'affaiblissement dans les fonctions vitales du
ver; il serait toujours consécutif, soit qu'il vienne de sporules, soit qu'il naisse spontanément. C'est au fond la théorie
de MM. Calderini et Lomeni en 1835, et de M. Guérin-
Méneville en 1856. M. Robinet vous dit au moins quel est
cet état morbide du ver, qui se prête soit à la germination
des sporules, soit à la génération spontanée du botrytis;
mais ni M. Calderini, ni M. Lomeni, ni M. Guérin-Méneville ne nous ont déclaré quelle était cette maladie qu'ils regardent comme cause, et dont le botrytis ne serait qu'un
effet, un symptôme.

Quant à M. Lomeni, il s'appuyait sur un prétendu fait,
qui n'était qu'une supposition, la naissance du botrytis après
la mort du ver. « Ce cryptogame, dit-il, précisément parce
qu'il se développe et croît sur les vers après qu'ils ont succombé à la muscardine, ne peut pas être la cause de cette
maladie; il n'en est qu'un phénomène, qui lui survient ou
même en dépend, à cause des changements substantiels que
la maladie provoque dans l'économie animale pervertie(2).»
Quant à M. Guérin-Méneville, je ne sais pas si, dans quelque
endroit de ses mémoires, il a indiqué les caractères de cet état
morbide, qui serait propre à favoriser le développement du
botrytis. Dans la revue de zoologie, à l'occasion d'une note
sur les *symptômes*, le *diagnostic*, l'*anatomie pathologique* et
le *traitement* de la muscardine que j'avais adressée à l'Académie des sciences, il dit que l'apparition du botrytis, comme

(1) *Ibid.*, page 60.
(2) Del calcino. Memoria quinta. Milano, 1835, page 15.

celle de l'Oïdium et de beaucoup d'autres productions du même genre, est consécutive à une maladie, n'en est qu'une conséquence ou un de ses symptômes ; et dans la plus récente de ses productions on lit : « Lorsque le fléau commence à sévir avec intensité, il fait périr les vers très-rapidement ; souvent même le ver mange lorsqu'il en est foudroyé. Il n'est pas rare, en effet, de trouver les vers à soie restés morts après avoir passé seulement la moitié du corps à travers les trous du papier-filet. Cette mort instantanée ne se remarque dans aucune autre maladie des vers à soie (1). » Et, à une époque peu éloignée, il avait écrit très-nettement « que tous les papillons chez lesquels *une maladie ne s'est pas déclarée,* tous ceux qui paraissaient les *plus sains* et les *plus vigoureux* renferment en eux le principe de la muscardine (2). » Ainsi, pour M. Guérin-Méneville, dans la muscardine, la mort arrive soudainement, comme un coup de foudre, et tous les papillons, les plus sains et les plus vigoureux, chez lesquels une maladie ne s'est pas déclarée, renferment le principe de la muscardine ; où est donc, dans ce cas, la maladie qui prépare le développement du botrytis ? Ce ne sont pas des opinions qu'on puisse changer, ce sont des faits qu'on ne peut pas nier. Il y a deux faits dans la muscardine : un fait nosographique, le dérangement des fonctions du ver ; un fait anatomico-pathologique, le développement du botrytis. Quand, dans l'appréciation de ces deux faits, on veut placer le premier en avant comme cause, l'autre après comme conséquence du premier, il faut confirmer dans ses détails le fait nosographique ; mais ce n'est pas assez, il faut aussi démontrer que le fait anatomico-pathologique, le botrytis, n'existe pas en même temps que le nosographique. Voilà ce que doit faire, dans ses recherches ultérieures, M. Guérin-

(1) *Guide de l'éleveur de vers à soie,* par MM. Guérin-Méneville et Eugène Robert. Paris, 1856, page 76.

(2) *Annales de la Société séricicole,* 14ᵉ volume, année 1850. Paris, 1851, page 195.

Méneville; quant à moi, je me suis assuré, par un grand nombre d'expériences et d'observations, que la mort n'est jamais soudaine dans la muscardine, que la maladie dure au moins trois ou quatre jours, et que, quand on les cherche, on trouve toujours des germes muscardiniques dans l'intérieur des vers, même lorsque les premiers symptômes de la maladie sont encore incertains.

Théorie botanico-pathologique.

Dans la théorie botanico-pathologique on reconnaît les deux faits, la maladie et le botrytis, le fait pathologique et le fait botanique ; mais on donne au botrytis toute l'importance qu'il mérite, et on le regarde comme la seule cause déterminante et spécifique de la muscardine. C'est l'inverse de la théorie précédente ; le fait pathologique n'est plus la cause, mais l'effet de la végétation du cryptogame. Cette théorie, posée la première fois par M. Bassi, a été acceptée par la plupart des écrivains, et moi aussi j'y souscris : et c'est d'après ces principes que je vais discuter les principales questions qui s'y rattachent.

1. Un état morbide quelconque est-il nécessaire pour que le botrytis se développe sur le ver à soie?

Nous avons vu que dans la théorie pathologico-botanique on prétend que le botrytis n'est qu'un accident ou une conséquence d'une altération morbide dans le ver à soie. C'est au fond le même principe qui domine dans les autres théories; car, si MM. Magnin, Robinet et Grassi se sont efforcés de détailler et de circonscrire les caractères de cet état morbide dans le désordre électrique, dans l'affaiblissement des fonctions, ou dans l'acidification des humeurs, MM. Calderini, Lomeni et Guérin-Méneville se sont bornés à supposer un état morbide, sans se donner la peine de le démontrer ni d'en déterminer les caractères et les conditions. Cependant il résulte d'une longue observation et de nombreuses expériences que ces suppositions ne sont pas justifiables. Il n'est pas besoin de ce prétendu désordre électrique, parce que la maladie se communique indépendamment des orages et en tout temps, et que, sous l'influence de tout désordre électrique, sans les sporules, il ne se développe pas de botrytis. Il n'est pas besoin de cette prétendue faiblesse de fonctions, parce que les vers les mieux portants sont encore plus sujets que les faibles à la muscardine, et que sans sporules elle ne se manifeste pas, quelle que soit, d'ailleurs, la faiblesse des fonctions. Il n'est pas besoin de l'acidification des humeurs, parce que le botrytis végète très-bien sur le ver en tout âge et en tout état, et qu'il commence à végéter sur les parois de l'estomac en présence du suc gastrique qui est très-alcalin. Il n'est besoin d'aucun état morbide, parce qu'au botrytis il ne faut pour sa végétation que de l'humeur; qu'il s'attache à toutes les parties du ver; qu'il attaque les sains et n'épargne pas les malades; qu'il se voit souvent sur des vers déjà pris de la gangrène noire, maladie qui exclut naturellement toute autre espèce de procès morbide. Mais je ne puis pas concevoir pourquoi il faut avoir recours à des hypothèses sinon absurdes, au moins arbitraires, quand nous avons sous la main l'explication simple et complète d'un fait que nous pouvons reproduire à notre volonté : c'est aller chercher dans les nues ce qu'on a sous les yeux; cela seul suffit pour faire justice de ces théories.

2. Est-il raisonnable d'admettre la génération spontanée du botrytis chez le ver à soie?

Ce n'est pas ici le lieu de disputer la valeur d'une théorie, telle que la génération spontanée des êtres organiques, l'*hétérogénèse*; mais il n'est pas inutile de rappeler que c'est à l'ignorance des véritables voies de la génération dans les animaux inférieurs qu'est due la première origine de cette hypothèse, qui a fait sa fortune par la facilité avec laquelle on se rend compte de l'apparition soudaine d'un grand nombre d'êtres d'une origine obscure. On a dit et on a répété encore que la destruction d'un être n'est que la génération d'un autre (*destructio unius, generatio alterius*), et que sur cette connexion de la vie avec la mort, sur cette génération continue dans la destruction est fondé ce cercle d'un mouvement éternel (*circulus æterni motus*). Quand on accepte un principe, il n'est pas difficile, même aux esprits les plus éclairés, de se laisser entraîner aux conséquences les plus absurdes : ce qui est arrivé à de Lamarck et à Treviranus. « De Lamarck, par exemple, avait cherché à démontrer par le raisonnement, non-seulement que les animaux les plus simples peuvent se produire spontanément, mais encore que des êtres une fois produits de cette manière peuvent acquérir un nouveau degré d'organisation qu'ils transmettent à des parties d'eux-mêmes, lesquelles, en se développant à leur tour comme des germes, sont susceptibles d'acquérir progressivement d'autres organes encore (1). » Treviranus en a fait une théorie encore plus générale ; il pense « qu'il y a dans le monde une matière indestructible, incessamment active, amorphe par elle-même, mais susceptible de prendre toutes les différentes formes d'êtres qu'il y a, du bysse au palmier, et de la monade aux monstres marins, par le simple changement des influences extérieures ; et si ces influences, après avoir contribué à la formation d'un individu, viennent à changer, l'individu perd les caractères de son individualité et meurt : mais la matière, dont il était constitué, assujettie à d'autres influences, est capable de donner naissance à des êtres nouveaux (2). »

Mais dans les sciences naturelles la seule logique puissante est la logique des faits ; c'est donc à l'observation et à l'expérience qu'il faut s'adresser pour avoir les éléments indis-

---

(1) Dujardin. — *Histoire naturelle des infusoires*. Paris, 1841, page 92.

(2) Tommasi. — Istituzioni di fisiologia. 1852-3, v. 2, page 10.

pensables pour bien juger la question. Maintenant on peut mettre hors de controverse la génération des êtres qui ont dans leur structure organique une certaine complication, les insectes par exemple, qu'on croyait autrefois se produire spontanément sur les viandes en corruption, et que M. Redi démontra par des expériences décisives, il y a presque deux siècles, venir toujours des œufs qui y ont été déposés. Mais, quant aux êtres doués d'une organisation très-simple, aux êtres microscopiques surtout, dont toute l'organisation se réduit souvent à une vésicule plus ou moins allongée ou autrement modifiée, il est tout naturel de concevoir qu'ils puissent se produire spontanément dans le sein des substances organiques sous l'influence des actions électrochimiques. En vérité, c'est ici le véritable point de la question, car il n'y a personne aujourd'hui qui ose soutenir la génération spontanée d'un insecte ou d'un mollusque; mais il y a bien des savants qui croient à la génération spontanée des monades et des vibrions, par exemple. Ainsi c'est seulement à ces êtres microscopiques qu'il faut restreindre la question de l'hétérogénèse.

Lorsqu'on considère le grand nombre de mucédinées et d'infusoires que l'on voit naître tous les jours sur les substances organiques en décomposition, et qu'on remarque la simplicité de leur organisation et la rapidité de leur développement, il n'y a pas de quoi s'étonner, si on a eu recours, pour s'en rendre compte, à la théorie de l'hétérogénèse, qui aurait le grand mérite de tout expliquer très-simplement, si elle n'avait pas le grand tort de n'être pas assez bien démontrée. Devant ces faits il y avait deux hypothèses possibles : ou il fallait admettre la génération spontanée, ou il fallait supposer dans l'air une myriade de séminules invisibles, qui, se déposant sur les substances organiques en décomposition, reproduisent les individus des espèces auxquelles ils appartiennent. C'était donc aux expériences bien conçues et bien exécutées qu'il fallait demander les données de faits capables de résoudre la question : or ces expériences ont été faites;

je vais les rappeler ; elles sont très-simples. M. Schultz a fait bouillir des substances organiques dans l'eau distillée ; puis il les a placées dans un appareil convenable, après que l'air, avec lequel elles étaient en contact, eut été lavé dans l'acide sulfurique concentré. Il attendit un certain temps, après lequel il examina les substances en décomposition et n'y trouva aucune espèce ni d'animaux ni de plantes microscopiques. M. Schwann répéta l'expérience de M. Schultz; seulement, au lieu de faire passer l'air à travers de l'acide sulfurique, il le fit passer par un tube chauffé au rouge ; le résultat fut le même. Ainsi il résulte de ces expériences que, si l'air qui se trouve en contact avec les substances organiques en décomposition a été soumis à une opération capable d'y détruire toute substance organique, il n'y a plus de génération spontanée. Mais, si on a de la répugnance à admettre dans l'air un mélange d'œufs et de séminules tout prêts à se déposer sur les substances en décomposition et y reproduire les individus de leur espèce, chacun dans les circonstances qui lui conviennent, on devrait au moins accepter la conclusion de M. Dujardin. « En définitive, dit-il, je pense que, à part le fait incontestable de la division spontanée des infusoires, nous ne savons rien de précis sur la génération de ces animaux, ni sur les organes qui peuvent servir à cette fonction, ni sur les œufs qui doivent les reproduire. Serait-ce à dire qu'il faut croire à leur production spontanée? Non sans doute, si on l'entend à la manière de de Lamarck, ou si l'on veut que les éléments chimiques se soient rencontrés pour former une combinaison douée de la vie, ce qui serait, je crois, universellement regardé comme une absurdité ; mais peut-être pourrait-on se rapprocher de la manière de voir de Spallanzani, qui, tout en combattant les idées absurdes de quelques-uns de ses contemporains, se trouvait conduit, par ses expériences si consciencieusement faites, à admettre que les infusoires naissent de corpuscules préorganisés apportés par l'air dans les infusions et susceptibles de résister à certaines actions phy-

siques qui détruiraient les œufs proprement dits, corpuscules que lui-même n'ose pas nommer des germes ni des œufs,
tandis que, d'un autre côté, il suppose que, *pour des animaux inférieurs, le changement de demeure, de climat, de
nourriture* doit produire peu à peu dans les individus, *et
ensuite dans l'espèce, des modifications très-considérables, qui
déguisent à nos yeux les formes primitives* (1). »

Les partisans de l'hétérogénèse y ont été conduits par
deux causes, la facilité et la rapidité de production de ces
êtres microscopiques dans des conditions favorables, et le
défaut de germes et d'organes reproducteurs dans leur organisation. Mais, avant tout, il ne faut pas croire que toute
vésicule qui paraît douée d'un mouvement spontané soit un
animal. « Avant d'être bien fixé sur les caractères des vrais
infusoires, on est exposé à confondre avec eux un grand
nombre d'autres objets que le microscope nous fait connaître. Le premier indice que nous ayons de l'organisation
chez ces objets, c'est le mouvement. On est donc tout d'a-
bord porté à rapporter à la classe des infusoires tout ce
qu'on voit se mouvoir dans le champ du microscope, et,
comme on sait d'ailleurs que certains animaux, tels que les
amibes, les rhizopodes, les actinophrys, les éponges, etc.,
n'ont que des mouvements extrêmement lents, il en résulte
que le moindre mouvement observé sous le microscope peut
être pris pour un indice de la nature animale d'un objet,
que sa petitesse fait naturellement ensuite rapprocher des
infusoires ; c'est ainsi que tous les anciens micrographes, et
Müller lui-même, si habile observateur, ont réuni sous le
même nom les objets les plus dissemblables. C'est parmi les
corps organisés vivants doués de mouvements spontanés
qu'on a cru reconnaître des infusoires ; mais cependant les
corps inorganiques eux-mêmes ou privés de vie ont pu donner lieu à des méprises, lorsque, réduits en poudre très-fine,
ou en particules de 1/1000 à 1/500 de millimètre, ils flot-

---

(1) *Histoire naturelle des infusoires.* Paris, 1841, page 107.

tent dans un liquide. En effet, alors ils sont animés d'un mouvement plus ou moins vif de titubation ou de va-et-vient dans tous les sens, qui a fait prendre ces particules pour de très-petites monades. Ce mouvement qu'on nomme *mouvement brownien* ou *mouvement moléculaire*, est tout à fait indépendant de la nature des corps (1). » Dès les premières années où j'ai commencé à manier le microscope, j'ai remarqué, dans l'eau où j'avais laissé macérer des morceaux de feuilles de chou, que des vésicules détachées, mais encore adhérentes, par quelque point, à un morceau de parenchyme, oscillaient et s'agitaient jusqu'à s'en détacher complétement, et alors elles se mouvaient dans le liquide d'un mouvement propre comme des monades; cependant ces vésicules ne sont pas des animaux, mais des cellules végétales, détachées du parenchyme, qui sont agitées par le mouvement brownien ou moléculaire. Faute de cette distinction, on a pris pour des animaux microscopiques les séminules de plusieurs conifères, les œufs des polypes, des éponges et de plusieurs autres animaux inférieurs, les anthères des *Sphagnum*, des *Chara* et de plusieurs autres cryptogames, ainsi que les lambeaux de la substance molle, gélatineuse, qui porte les cils vibratiles sur les branchies des mollusques et des zoophytes et sur les membranes muqueuses de divers animaux (2). »

Si donc l'on met de côté tous ces corpuscules microscopiques, de la vie desquels on a raison de douter, il nous reste deux grandes catégories de ces êtres organisés et vivants qu'on voit dans le champ du microscope, les êtres dans les-

---

(1) Dujardin. — *Histoire naturelle des infusoires*. Paris, 1841, page 665.

(2) Dujardin, *ibid.*, page 667 et suiv. Il croit que les zoospermes ne sont pas des animaux, parce qu'il « suffit de suivre le développement de ces prétendus animaux pour demeurer convaincu que ce ne sont pas des êtres doués d'une vie individuelle et susceptibles de se reproduire eux-mêmes, mais que ce sont simplement des dérivés de l'organisme qui les a fournis, conservant une portion de vie, à la manière des cils vibratiles détachés des membranes muqueuses. »

quels on n'a pu jusqu'à présent découvrir ni de germes ni d'organes reproducteurs, et les êtres dont on connaît les germes et ces organes.

Il y a, en effet, un grand nombre de ces animalcules, qui manquent des organes de la génération, et, malgré toutes les assurances de M. Ehrenberg qui les spécifie et les décrit dans presque toutes les espèces microscopiques, la plupart des micrographes demeurent encore dans l'opinion que ces organes n'ont pas encore été découverts. Ici la question n'est pas trop facile à résoudre; car, pour l'hétérogénèse ou génération spontanée, on a le fait de la génération et le défaut d'organes générateurs; pour l'homogénèse ou génération sexuelle, on a l'analogie constante pour tout le reste des êtres organiques, et les expériences de MM. Schultz et Schwann qui excluent toute espèce de génération spontanée. Ainsi ni l'un ni l'autre de ces deux modes de génération ne nous est démontré; on peut avoir une opinion, mais il n'est pas possible de renoncer aux doutes : c'est un sujet qui n'est pas encore défini, la question est encore à résoudre. Quant à moi, je me range du côté de l'homogénèse ; mais je n'ai rien à dire à ceux qui préfèrent se ranger du côté de l'hétérogénèse.

· Mais, pour les êtres microscopiques dont on connaît les organes de la reproduction, quelles que soient leur petitesse et la simplicité de leur organisation, je ne puis pas concevoir comment on pourrait accepter la théorie de l'hétérogénèse, qui serait un procédé tout à fait exceptionnel. Il n'est pas défendu de s'abandonner, jusqu'à un certain point, aux suppositions et aux hypothèses sur des sujets qui n'ont pas encore reçu leur explication, et même, dans ces cas, c'est un principe de logique de marcher avec prudence et circonspection; mais, dans les sujets qui ont reçu leur explication dans une observation constante et incontestée, il est absurde d'avoir recours à une hypothèse qui répugne aux lois générales de la nature; ce serait, dans ce cas, substituer une exception contestable à une règle incontestée. C'est ici le cas de dire, avec le professeur Tommasi, que l'idée de l'hétérogénèse est une idée antiphilosophique. En effet, si nous allons appliquer ces principes à la reproduction du botrytis, nous verrons qu'une seule sporule peut nous donner, en peu de jours, des milliers de sporules, que par leur nombre et leur légèreté elles peuvent voltiger dans l'air et être transportées partout au loin, qu'elles peuvent s'attacher à toute espèce de corps et y rester adhérentes sans perdre leur puissance germinative, que, quant aux conditions de germination, elles ne sont pas exigeantes et se développent très-facilement sur tout corps mouillé d'un liquide. Après tous ces faits, les phénomènes les plus étranges, qui tiennent à la reproduction du botrytis, deviennent intelligibles, on n'a plus besoin de s'abandonner à des hypothèses sinon absurdes, au moins hasardées : ainsi ce serait violer les règles de la logique, si on admettait pour le botrytis la génération spontanée ; car c'est une des premières règles, qu'il ne faut pas multiplier les causes sans nécessité.

Cependant on a cru pouvoir démontrer, par des expériences, la génération spontanée du botrytis. M. Dandolo, qui ne se doutait pas que la poussière muscardinique fût la végétation d'un champignon microscopique, avait fait un grand nombre d'expériences dans ce but. « Il plaça une portion du lit qui contenait un certain nombre de vers à soie sains sur un tas de fumier qui avait presque fini de fermenter et qui avait 20° de chaleur. Ce jour-là, l'air était très-calme. Il examina ces vers deux jours après, accompagné de plusieurs élèves. Ils furent trouvés tous parsemés de points blancs, ou de fragments de substance saline blanche ressemblant à la matière des vers calcinés. Cette expérience ayant été ensuite répétée plusieurs fois, on n'observa plus que quelques fragments de matière blanche : les vers pourrissaient tous, on n'en trouva pas un de calciné (1). » « M. Jo-

(1) *L'Art d'élever les vers à soie*, traduit par M. Fontaneilles. Paris, 1845, page 275.

hannis est parvenu à produire artificiellement la muscardine
en exposant les papillons morts, pendant deux mois, sur de
la terre recouverte de crottin de cheval et arrosée tous les
deux jours. Le cryptogame résulté de cet essai a communiqué la muscardine à des œufs de vers à soie, tout aussi bien
que les muscardins naturels (1). » Attendre de M. Dandolo
qu'il eût bien déterminé la nature des taches blanches, ce
serait un anachronisme : le botrytis n'était pas encore découvert; mais on avait le droit de prétendre de M. Johannis qu'il
eût bien déterminé la nature et bien défini l'espèce botanique de la moisissure qu'il avait obtenue, et qu'il eût conduit son expérience de manière à en exclure toute possibilité
que des sporules botrytiques fussent parvenues jusqu'au lieu
d'expérimentation. Qu'on compare les expériences de Schultz
et de Schwann avec cette expérience de Johannis, et puis que
l'on juge.

Ainsi, la génération spontanée, qui n'est démontrée par
aucun fait bien constaté pour les êtres dont on ne connaît pas
les organes reproducteurs, est au moins une hypothèse ha-
sardée; mais, pour les êtres dont on connaît les organes reproducteurs et le procédé de la reproduction et, par conséquent,
pour le botrytis, la théorie de la génération spontanée est
décidément absurde.

3. *Ne pourrait-on admettre que les germes de la muscardine sont innés dans le ver à soie?*

Le docteur Bassi, qui, dans son premier travail sur la muscardine, avait décidément soutenu qu'elle ne pouvait jamais
naître spontanée, fut frappé de quelques singuliers phénomènes qui, comme il le disait, lui firent connaître, à ne plus
en douter, que la muscardine se produit réellement parfois
spontanée sur le ver à soie (2); mais, ayant de la répugnance

(1) Robinet. — *La muscardine*, etc. Paris, 1845, page 140.
(2) Bassi. — Il fatto parlante all' autore, etc., 1850, page 27.

11

à admettre la génération spontanée d'êtres organisés et vi-vants, il imagina des *germes muscardiniques innés dans le ver lui-même, qui se développent dans certaines conditions et se multiplient tellement, que le pauvre animal tombe malade et succombe à la redoutable maladie.* A l'appui de son hypo-thèse, il ajoute que *ce n'est pas sans raison qu'on prétend que tous les êtres organiques vivants, animaux et végétaux, portent, dès leur naissance, des êtres parasites qui leur sont propres, c'est-à-dire placés en eux par la nature pour des desseins ignorés de l'homme, lesquels, se développant et se mul-tipliant dans des conditions favorables, dérangent la santé et souvent causent la mort de l'individu qui les contient* (1). »

Quoique le docteur Bassi ait trouvé, par cette théorie, la manière de concilier en même temps les partisans de la contagion et ceux de la génération spontanée, sans déroger au principe que *la muscardine ne se produit jamais spontané-ment,* je trouve bien étrange qu'on puisse la soutenir sans l'appui d'aucun fait. Je demanderai, avant tout, qui a vu ces germes innés dans le corps du ver vivant et sain. Accordons même leur existence, pourquoi se fait-il qu'ils demeurent en lui stationnaires et improductifs pendant toute sa vie et ne se développent que dans certaines circonstances favorables, quand nous savons que le sang du ver sain est le liquide qui offre les conditions les plus favorables à leur développement? Comment supposer qu'une seule sporule, une seule conidie renfermée dans le corps d'un ver sain, ne se développe pas à l'instant et ne se multiplie pas, quand on connaît avec quelle rapidité ces sporules et ces conidies se développent et se multiplient dans ce liquide, dans toutes les conditions, au dedans aussi bien qu'au dehors du corps de l'insecte? Au lieu de chercher les causes qui favorisent, il faudrait, dans ce cas, chercher les causes qui en empêchent le développe-ment; car, dans cette hypothèse des germes innés, il serait difficile de concevoir comment il existe encore des vers à soie

---

(1) Bassi. — Il fatto parlante all' autore, etc. page 27, en note.

vivants sur la terre. En outre, dans quel but la nature au-
rait-elle doué le botrytis de cette prodigieuse puissance de
fructification extérieure, par le nombre infini de sporules qu'il
produit pour l'extermination des vers à soie, si les pauvres
animaux les portent avec eux dès leur naissance et dans le
même but?

« Enfin, s'il y a des germes innés qui, dans certaines conditions, se développent en thallus botrytiques et donnent
naissance à la muscardine, pourquoi jusqu'ici n'a-t-il réussi
à personne de faire périr un seul ver de muscardine sans
avoir recours aux sporules botrytiques ; et pourquoi ces pré-
tendues conditions, qui, attendu la diffusion presque générale de la muscardine, ne devraient pas être difficiles à rencontrer partout, ne se sont jamais rencontrées dans certaines
localités particulières, où l'on élève pourtant depuis des siècles
les vers à soie ? Les théories doivent surgir des faits et s'y
appuyer comme conséquence de l'observation exacte et de
l'examen de ces faits; autrement, elles aboutissent à des hypothèses pures et souvent inutiles (1). »

4. *Ne pourrait-il se faire que les hématozoïdes de M. Guérin-Méneville se transformassent en germes botrytiques?*

Nous avons vu, plus haut, qu'il y a, dans le sang à l'état
normal et plus encore dans certains cas de maladie, un
nombre plus ou moins grand de ces vésicules ovoïdes douées
d'un mouvement propre, le mouvement brownien ou moléculaire ; M. Guérin-Méneville, frappé de ce mouvement
spontané, en fit des animaux et les appela hématozoïdes.
Plus tard, en étudiant la composition intime du sang des insectes et surtout du ver à soie, il crut voir certains corpuscules, qui constituent, à son avis, la partie intérieure et vivante des globules sanguins, perdre leur forme et se changer

---

(1) Vittadini. — Della natura del calcino o mal del segno. Milano, 1852, page 36.

en thallus botrytiques; il aurait assisté à la métamorphose presque ovidienne d'animaux en plantes (1). Ce serait un fait d'un genre tout à fait nouveau qui, si on pouvait bien le démontrer, serait bien plus étonnant que tous les faits de génération spontanée, et de perfection successive et graduelle des individus et des espèces. Mais je suis sûr que M. Guérin-Méneville s'est trompé. On sait que le volume des sporules botrytiques est, à peu de chose près, égal à celui des vésicules ovoïdes ou hématozoïdes de première grandeur; on sait aussi que, lorsque les sporules botrytiques commencent à germer, elles s'allongent un peu d'un des deux bouts ou de tous les deux, de façon que d'abord elles cessent d'être globuleuses et deviennent ovoïdes; ensuite, cet allongement s'augmentant, la forme ovoïde devient presque cylindrique, et enfin se change en un filament. Or il n'est pas difficile qu'une sporule, observée dans son premier stade de germination, ait été prise pour un hématozoïde, et qu'on ait cru avoir assisté à la métamorphose d'un animal en plante, quand on n'a vu, en réalité, que le germe de cette plante développer l'individu dont elle contenait naturellement l'embryon.

Mais, en admettant même ce fait qui est contraire à toutes les lois de la nature, on aurait bien de la peine à expliquer comment il arrive que, lorsqu'on met le sang d'un ver quelconque, et surtout le sang des vers attaqués de grasserie, qui est tout encombré de ces prétendus hématozoïdes, dans les conditions favorables au développement du botrytis, on ne voit jamais se développer le moindre filament de ce champignon, tandis qu'à peine on y jette des sporules botrytiques, on voit en peu de jours de magnifiques réseaux de filaments ramifiés, entrelacés et feutrés. J'ai dit plus haut, et je le répète ici, que ces vésicules n'ont aucun caractère d'animalité; elles n'ont pas plus une vie propre que les vésicules huileuses:

(1) *Observations sur la composition intime du sang chez les insectes et surtout chez les vers a soie en santé et en maladie* (Revue de zoologie). 1843, n° 11, page 365.

leur mouvement n'est pas vital, mais c'est le mouvement brownien ou moléculaire : elles ne sont susceptibles d'aucune transformation, si ce n'est leur dissolution, en perdant leur enveloppe; elles ne sont plus que des productions organiques, qui se conservent pendant la vie et se décomposent après la mort du ver. Ainsi leur transformation en germes botrytiques est inconcevable et absurde.

5. *Que faut-il penser de la génération du Botrytis, comme terminaison naturelle de la vie du papillon?*

Dans le courant de la même année 1850, M. Grassi (1) en Italie, et ensuite M. Guérin-Méneville (2) en France, l'un sans connaître les travaux de l'autre, sont parvenus, par des voies différentes, au même résultat, et ont reconnu, comme loi générale, *la terminaison en état muscardinique des papillons qui ont achevé toutes les phases de leur existence, ou, en d'autres termes, l'invasion du Botrytis comme terme naturel de la vie du ver à soie et peut-être de tous les lépidoptères.* C'est une nouvelle phase de l'hétérogénèse, qui ne pouvait avoir rien d'étrange pour M. Guérin-Méneville, parce qu'elle paraissait presque un complément de la génération spontanée par la transformation de ses hématozoïdes, qui, dans la putréfaction du papillon, auraient pu trouver la cause naturelle de cette transformation. Mais il n'est pas question de soutenir une hypothèse par une autre : pour faire accepter des faits, il faut les démontrer; et quand on proclame, comme une loi naturelle au papillon du ver à soie, que le botrytis doit sortir de sa décomposition, il faut avoir vu le développement naturel du botrytis sur les papillons morts naturellement, et avoir fait ses observations de manière à éloigner toute crainte de s'être trompé. Je ne sais pas si MM. Grassi et Guérin-Méneville ont employé dans leurs recherches tous les soins nécessaires pour se garder des illusions microscopiques :

(1) Sul calcino. Milano, 1850.
(2) *Annales de la Société séricicole.* 14e volume, 1850. Paris, 1851, page 192.

ce que je sais, quant à moi, c'est que dans plusieurs papillons, mâles et femelles, un ou deux jours après leur mort
naturelle, je n'ai jamais trouvé aucun indice de botrytis ni à
l'intérieur ni à l'extérieur ; mais je dois avouer que je n'ai
pas eu la patience admirable de M. Vittadini, qui a fait ses
recherches sur quelques milliers de papillons, qu'il ouvrait
24 à 36 heures après leur mort, et plaçait dans un lieu
humide : ensuite il les examinait avec toute son attention.
« Après vingt jours de ce travail, dit-il, je me trouvais a-
voir une collection de cinq mille papillons, tous ouverts et
soigneusement examinés ; il y en avait dix-neuf réellement
muscardinés, ce qui était démontré par l'aspect velouté des
parois internes de la vésicule aérienne, qui fut suivi par
l'efflorescence botrytique : une centaine environ s'étaient
décomposés immédiatement après la mort, à ce qu'il paraît
par grasserie ou gangrène noire ; tous les autres, très-sains,
ne donnèrent aucun indice d'efflorescence botrytique, quoique la plus grande partie d'entre eux, c'est-à-dire ceux qui
avaient été observés au microscope, fussent remplis d'hématozoïdes (1). » Voilà donc confirmé par l'observation directe un principe qu'on pouvait tirer des lois générales et
constantes de la nature organique, c'est-à-dire l'impossibi-
lité de la transformation d'un être organique dans un autre,
quand même on voudrait supposer que les vésicules douées
du mouvement moléculaire soient réellement des hématozoïdes.

6. *Ne pourrait-on pas admettre qu'il y a partout, dans l'atmosphère, des germes de muscardine?*

«La spontanéité de la muscardine, ou du moins son apparition subite dans des contrées où elle n'a jamais existé, est
encore contestée. Cependant elle existe. Je l'ai vue apparaître
dans un atelier neuf, d'où elle a disparu complétement, et

---

(1) Della natura de calcino o mal del segno. Milano, 1850, page 32.

dans une commune où elle n'est pas connue. Cela ne m'a pas convaincu qu'elle pût se créer spontanément sans la présence des sporules de botrytis, mais cela m'a fait penser que ces sporules existent partout, et que le climat, la qualité des feuilles, la nature des sucs qu'elles contiennent, en un mot quelques circonstances inconnues, déterminaient son irruption, ou paralysaient la puissance génératrice de sa graine. Les sporules de toutes les mucédinées, de tous les cryptogames existent sûrement partout, mais certaines conditions de chaleur, d'humidité, la combinaison de certains acides avec certaines substances, certaine fermentation enfin, sont nécessaires à leur développement et à leur prospérité. Ces combinaisons peuvent exister sur certains points, et non ailleurs. Il est bien positif que la feuille qui croît dans les contrées méridionales contient des sucs bien différents que celle produite par les' Mûriers du Nord; les parties sucrées, la gomme-résine y sont plus abondantes : qui sait si ce n'est pas à cette différence, qui modifie la composition charnue de l'insecte, qu'est due la prospérité du cryptogame dans le Midi? La présence du sucre détermine, dans toutes les fermentations où il abonde, le développement de mucédinées à efflorescence blanche. Qui sait si sa présence dans la feuille du Midi n'est pas une des causes principales de la ténacité de cette maladie dans ces contrées, et si les feuilles du Nord ne contiennent pas un palliatif, un acide ou une substance qui paralyse la puissance germinatrice du cryptogame *Botrytis*? Ces suppositions, à mon avis, sont d'autant plus admissibles, que, s'il n'existait pas quelque cause de cette nature, la muscardine aurait, depuis longtemps et de proche en proche, envahi toute la France. La semence du botrytis existe sûrement partout, puisque j'ai trouvé, dans les forêts situées à la région moyenne des Alpes, des larves d'insectes et des chrysalides muscardinées. Les causes de la préférence qu'il donne à certaines localités, voilà le secret (1). »

_____

(1) Charrel. — *Traité des magnaneries*. Paris, 1848, page 126.

M. Charrel a cru, au moyen de cette hypothèse, aplanir les difficultés qu'on rencontre dans l'apparition et dans la diffusion du botrytis; au contraire, il les a augmentées. Il est convaincu de l'absurdité de l'hétérogénèse, mais il est sûr que les sporules botrytiques existent partout; ce serait comme l'éther dans la théorie de l'ondulation en optique. Mais d'où viennent-elles ces sporules? Si c'est du botrytis, elles ne peuvent exister que là où existe le botrytis; si c'est une provision naturelle intarissable, pourquoi le botrytis produirait-il tant de sporules? Mais admettons tout bonnement cette hypothèse de M. Charrel; nous savons bien que les sporules botrytiques ne sont pas très-exigeantes, quant aux conditions de leur germination et de leur développement : or pourquoi dans toutes nos expériences ne nous arrive-t-il jamais d'avoir le botrytis sans sporules, et pourquoi voit-on tout de suite apparaître ce champignon, dès qu'on y mêle des sporules? Il croit que la feuille trop sucrée du midi de la France est probablement la cause qui en favorise le développement, et que c'est la qualité contraire de la feuille qui fait que dans le nord cette maladie est plus rare : mais que répondrait M. Charrel, si on lui rappelait qu'en Italie le nord est ravagé, le centre est à peine touché, et le midi est presque exempt de la muscardine? Cette supposition de M. Charrel ne résout pas les difficultés, mais elle en crée de nouvelles et blesse, par conséquent, le principe logique, qu'il ne faut pas créer de nouveaux êtres sans nécessité.

7. *Le botrytis du ver à soie ne serait-il pas par hasard une transformation du botrytis du Mûrier?*

M. l'abbé Longoni observa sur les feuilles de Mûrier en putréfaction une moisissure constituée par une espèce de botrytis qui, d'après M. Vittadini, est le *Botrytis cana* de Kunze et Schmidt : frappé de l'analogie des deux champignons, M. Longoni s'imagina avoir découvert la véritable et unique origine de la muscardine, en supposant que le bo-

trytis du ver n'était que le botrytis du Mûrier, et que, s'il y avait
quelque différence, cela tenait à la diversité des substances
sur lesquelles il se développait (1). Il est superflu, à mon
avis, de s'arrêter longtemps à combattre l'opinion de l'abbé
Longoni : nous ne voulons pas rappeler que le ver à soie
mange les feuilles fraîches, non les sporules en putréfaction ;
il nous suffit seulement de faire remarquer que le botrytis
du ver à soie est une espèce différente du botrytis du Mûrier, et que le changement dans les conditions de la végétation peut produire des variétés, mais jamais un changement
d'espèce.

Résumé de la pathogénie de la muscardine.

De tout ce que nous avons dit jusqu'ici, il résulte que
la seule théorie raisonnable est celle que nous avons appelée botanico-pathologique, c'est-à-dire qu'une espèce végétale, le *Botrytis Bassiana*, est la cause déterminante et le
principe contagieux de la muscardine ; qu'il ne faut pas une
disposition spéciale, constituée par un état morbide, pour la
recevoir et lui donner les moyens de se développer ; que la
marche de la végétation représente la marche de la maladie ;
que la dissémination des sporules et la reproduction de la
plante correspondent à l'infection et à la diffusion plus ou
moins épidémique de la muscardine. Ce sont des proposi-
tions qui ressortent tout naturellement des faits soigneusement observés et parfaitement constatés.

Nous avons vu combien de millions de sporules peut fournir un seul ver muscardiné, combien elles sont légères et
susceptibles d'être remuées et portées au loin par la moindre
agitation de l'air. Cela nous explique comment il arrive que
des ateliers parfaitement sains peuvent être infectés sans
qu'on puisse déterminer la source de l'infection ; tout comme
il arrive souvent de voir naître, dans un champ, des plantes
qu'on appelle spontanées, sans que personne y en ait jeté

---

(1) Della vera ed unica origine del calcino. Monza, 1851.

la graine, et qui ne peuvent pas se produire spontanément.

Nous avons vu aussi que ces sporules sont probablement baignées d'un enduit visqueux qui leur permet de s'attacher aux parois des murs et aux différents ustensiles de la magnanerie, et de s'en détacher sans difficulté lorsque cet enduit s'est desséché; et puisqu'elles peuvent conserver leur puissance germinatrice au moins pendant deux ans, probablement pendant plusieurs, on comprend très-aisément pourquoi une magnanerie, une fois infectée de muscardine, ne peut en être affranchie qu'avec la plus grande difficulté.

Nous avons vu qu'il y a trois voies d'introduction des sporules dans l'économie du ver, l'estomac, les stigmates et les téguments; que dans la chrysalide et le papillon il n'y en a que deux, les dernières; que probablement dans la chrysalide et le papillon c'est la voie des stigmates, dans la larve celle de l'estomac, que suivent ordinairement les sporules pour pénétrer dans le corps du ver à soie. J'en suis parfaitement convaincu par des observations décisives. Ce n'est pas du lieu d'application des sporules que j'ai tiré cette conséquence; car il peut bien se faire que les sporules, appliquées sur un point, soient transportées sur un autre et changent ainsi la voie d'introduction : je me suis fondé sur des observations qui écartent toutes chances d'illusions et d'erreurs; j'ai suivi les sporules dans leur développement sur les différents organes de la larve, depuis qu'elle commence à montrer les premiers symptômes de la muscardine jusqu'à son développement complet. Dans la première période de la maladie, j'ai trouvé les sporules botrytiques fixées sur les cellules épithéliales de l'estomac, quelquefois aussi semées dans le sang; l'estomac toujours, souvent aussi le sang, placés dans les conditions favorables, m'ont donné des filaments botrytiques : partout ailleurs il n'y avait rien dans cette période. Dans une seconde période j'ai vu, dans le sang, des sporules, mais pas de filaments; tandis que je voyais sortir, du dessous des cellules épithéliales, des filaments naissants de botrytis, qui se dégageaient et s'allongeaient plus ou moins en forme de rayons. Plus tard, dans la troisième période, j'ai trouvé des touffes de filaments ramifiés et feutrés dans l'estomac; j'en ai vu aussi sur les sacs de la soie, sur les vaisseaux uro-biliaires, sur les boyaux graisseux; mais dans le sang on pouvait à peine découvrir quelques filaments rares, dont quelques-uns seulement ramifiés : sur les trachées je n'en ai pas vu. Ainsi je me suis cru en état de pouvoir affirmer que c'est dans l'estomac qu'on doit reconnaître le point de départ de l'infection muscardinique : les sporules tombées sur les feuilles sont avalées par le ver; une partie est évacuée par les excréments, ce qui est prouvé par le développement du botrytis de ces excréments délayés dans un liquide convenable et placés dans les conditions favorables à la germination des sporules : une autre partie se fixe sur les parois de l'estomac, et s'y développe avant d'apparaître ailleurs; une autre partie pénètre dans le sang, et, portée sur les différents organes, s'y dépose et y germe. Elles se développent aussi dans le sang, mais plus difficilement, parce que les meilleures conditions pour le développement du botrytis sont et le liquide nourricier, et surtout l'air atmosphérique. Les sporules ne commencent à germer sur les téguments qu'après la mort du ver. Ainsi l'estomac serait la voie principale d'infection et le siége primitif de la muscardine; le sang serait plutôt un véhicule de dissémination et de diffusion qu'un siége véritable de la maladie. C'est ce qui résulte de mes observations; mais je ne prétends pas exclure la possibilité d'une autre voie d'infection. Dans toutes mes recherches j'ai trouvé constamment les faits se passer comme je l'ai dit plus haut; si je n'ai pas le droit de nier que l'infection puisse avoir lieu par les stigmates et par les téguments, je l'ai bien d'affirmer que, dans le plus grand nombre des cas, la muscardine se communique par la voie de l'estomac.

Nous avons vu que les filaments du botrytis, quand ils ne sont pas bien dégagés du liquide qui les nourrit, ne fructifient pas bien; que la véritable fructification a lieu lorsque la plante plonge ses racines dans le suc nourricier et lève sa tête en l'air. Nous avons distingué deux époques dans la muscardine, une époque vitale, que nous avons divisée en trois périodes, et une époque cadavérique, où nous avons signalé quatre phases. Or tous les filaments qui se produisent pendant la première période, c'est-à-dire pendant la vie du ver, ne fructifient pas ou très-imparfaitement ; c'est dans la seconde époque, c'est après la mort du ver, que le botrytis se trouve dans les conditions les plus favorables pour bien fructifier, car les sporules, disséminées, par le moyen du sang, sur toute la surface interne des téguments, en germant, pénètrent, par leurs filaments, à travers les interstices du tissu tégumentaire, et se ramifient au milieu de l'atmosphère; et c'est alors que, plongeant les racines dans les tissus humides du ver et levant la tête dans l'air, le Champignon entomoctone se trouve dans l'état le plus favorable à sa fructification.

Nous avons aussi remarqué que, après la mort du ver, la végétation du botrytis passe par quatre phases que nous avons caractérisées, 1° *germination*, 2° *développement des filaments*, 3° *pleine végétation*, 4° *fructification*. Ainsi, avant que la moisissure caractéristique de la muscardine ait pris l'aspect d'une croûte pulvérulente, la fructification de la plante n'est pas encore complétée ; il y a, sans doute, des sporules dans les filaments, même lorsque la moisissure présente une apparence fraîche et veloutée, mais elles sont encore contenues dans les tubes des filaments sporifères, elles ne sont pas détachées, ne sont pas libres. Or, puisque le principe contagieux de la muscardine n'est autre chose que les sporules botrytiques, il s'ensuit naturellement que, tant que les sporules ne sont pas encore détachées et libres, il n'y a pas d'infection naturelle possible, et par conséquent le caractère contagieux dans les vers muscardinés ne commence que dans la quatrième phase, lorsque la mucédinée est déjà sèche, lorsque le ver a pris l'aspect pulvérulent.

Quelquefois les vers muscardinés ne moisissent pas ; ils

meurent, et, au lieu de pourrir, ils se dessèchent : il n'y a
rien qui révèle la muscardine, si ce n'est un changement de
couleur qui devient presque jaune brun et sale. Ce sont des
cas qu'on rencontre souvent dans les magnaneries infectées,
et qu'on peut obtenir artificiellement, ainsi que les ont obtenus MM. Nysten, Bassi et Guérin-Méneville. C'est ce qui
arrive lorsque le ver ne peut fournir aux sporules et aux
thallus une suffisante quantité de suc nourricier. C'est la
muscardine *rouge* de M. Charrel, qui dit très-bien que « la
muscardine rouge n'a pas d'autre cause que la blanche ;
c'est la semence du botrytis qui la produit... Il n'y a entre
les deux qu'une différence, c'est que l'une arrive à fructifier
et l'autre périt avant la fructification (1). » C'est de là qu'il
tire la conséquence que la muscardine rouge n'est pas contagieuse, ce qui est vrai jusqu'à un certain point, car il peut
arriver que des filaments sporifères en petit nombre parviennent à mûrir leurs sporules, qui, par là, échapperaient
à la vue, parce que c'est leur grand nombre qui les rend
perceptibles dans la blanche. Il serait donc dangereux de se
fier entièrement sur cette conséquence et de n'avoir aucune
crainte de la muscardine rouge : elle n'est pas toujours contagieuse ; elle le devient difficilement ; mais on ne peut pas
assurer qu'elle soit toujours innocente. C'est donc une mesure de prudence de regarder les muscardins rouges comme
s'ils étaient des blancs.

Je dois avouer que les recherches que j'ai faites sur les
voies d'infection sur la chrysalide et sur le papillon sont in-
complètes ; ainsi je puis déclarer mon opinion, mais je ne
puis pas l'appuyer sur un assez grand nombre de faits bien
constatés et décisifs. Il n'est plus question de la voie de l'estomac , parce que la chrysalide et le papillon ne mangent
pas, et les organes digestifs sont en partie oblitérés et en
partie transformés. Il ne reste que les téguments et les stigmates ; or je crois que c'est principalement par les stigmates

---

(1) *Traité des magnaneries*. Paris, 1848, page 131.

et les trachées que les sporules pénètrent dans la chrysalide et le papillon, quoiqu'il ne soit pas improbable qu'elles s'y insinuent quelquefois par la voie des téguments. Voilà peut-être pourquoi la marche de la muscardine est si rapide dans le papillon ; car le botrytis, en se développant, fermerait l'ouverture des stigmates et empêcherait la respiration dès sa première apparition; et l'on sait qu'il suffit de passer de l'huile ou du beurre tout le long des stigmates d'un ver à soie pour le tuer sur-le-champ.

On a cru pouvoir se rendre compte de cette coloration lie de vin qui précède la moisissure du ver à soie; M. Lomeni l'attribue à la présence d'un acide qui se serait trouvé en contact avec une substance végétale bleue (1) ; mais il ne se donna pas la peine de chercher et de démontrer ni la substance végétale bleue ni l'acide. M. Vittadini (2) penche à admettre que cette coloration est due à la murexide ($C^{12}H^6Az^5O^6$), qui est une substance neutre, est une dérivation de l'acide urique ($C^{10}H^4H8^4O^6$), et remarquable par sa belle couleur rose, dépose des cristaux rouges, et a la propriété de colorer en rouge intense l'eau dans laquelle elle est peu soluble. C'est une hypothèse séduisante par sa simplicité; mais je ne la crois pas acceptable, parce que cette coloration ne se voit que sur les téguments, que la murexide est un des dérivés de l'acide urique, et que sur les téguments rougis on ne voit d'autres cristaux que les octaèdres dont nous parlerons tout à l'heure; ainsi je pense que nous ne possédons pas encore la clef pour l'interprétation du phénomène.

Un autre phénomène de la muscardine, c'est la formation de ces cristaux octaèdres, si variables par leur volume et si constants par leur forme; nous avons dit que, par leur forme cristalline, on pourrait les croire des cristaux d'oxalate de chaux; mais, jusqu'à ce qu'on n'ait pas la preuve directe

---

(1) Del calcino e del negrone. Memoria 1ª. Milano, 1855, page 36.
(2) Della natura del calcino o mal del segno. Milano, 1852, page 21.

donnée par l'analyse chimique, cette opinion ne dépassera jamais la valeur d'une présomption.

Quant au phénomène de la momification du ver, nous avons quelques données moins incertaines pour en concevoir le procédé. M. Vittadini dit « qu'on peut considérer l'induration du ver mort de muscardine et sa momification consécutive comme une espèce de salification de son cadavre, produite par la matière cristallisée, qui y est déposée par le sang sous l'influence de la végétation du botrytis (1). » M. Cornalia ajoute : « Les causes de l'induration du corps du ver se réduisent aux trois suivantes, 1° la production de la mucédinée, 2° la production des cristaux, 3° l'évaporation du corps augmentée, lorsque la mucédinée, sortant au dehors, vient à augmenter sensiblement l'étendue de la surface exhalante. Mais de ces trois causes la production des cristaux est peut-être la plus importante, en ce qu'elle détermine une espèce de *salification* du cadavre du ver (2). » Je crois qu'on a donné trop d'importance aux cristaux, qui ne sont pas plus nombreux sur le ver encore flasque et mou que dans le ver momifié; la véritable cause de l'induration, c'est l'absorption de toutes les humeurs du ver qui servent à la nutrition des innombrables filaments du botrytis, aidée peut-être par un peu d'évaporation, et complétée par le dessèchement naturel de la plante après la fructification. Et, s'il y a quelque différence entre le durcissement du ver et le durcissement du papillon, cela tient à la diversité de leur organisation : le papillon est dur et friable, le ver est dur et résistant; c'est parce que, dans le papillon, il n'y a pas cette matière de la soie, qui, en se durcissant, conserve sa ténacité et communique au ver momifié le caractère de la résistance. C'est un procédé tout naturel, qui nous rend compte du phénomène sans avoir besoin de recourir à des substances qui, par leur petite quantité, perdent toute leur impor-

(1) Della natura del calcino o mal del segno. Milano, 1852, page 20.
(2) Monografia del bombice del gelso. Milano, 1856.

tance dans l'explication des phénomènes et ne peuvent pas en contenir la raison suffisante.

On a recherché la cause de la mort du ver attaqué de la muscardine. M. Vittadini l'attribue au grand nombre de thallus et de filaments botrytiques développés dans le sang et aux altérations qui en dérivent. « Disséminés, dit-il, par la voie de la circulation dans toutes les parties de l'organisme de l'insecte, les conidies ou rudiments de thallus s'allongent rapidement aux dépens de l'humeur environnante, se ramifient et se transforment en véritables thallus botrytiques, tels que nous les avons décrits plus haut. Il s'ensuit une notable diminution de l'humeur circulante et une altération dans ses propriétés physico-chimiques. En effet, elle perd peu à peu de son acidité primitive et devient presque neutre ; les globules diminuent en nombre et font place à de magnifiques cristaux dodécaèdres qu'on voit rouler çà et là dans le liquide en compagnie des nouvelles productions. Néanmoins le ver paraît jouir encore de sa santé la plus florissante et ne montre pas le moindre signe de souffrance. Mais les thallus se multiplient outre mesure, se transforment en une véritable forêt de buissons errants, la circulation se ralentit, puis s'arrête tout à fait, et le ver meurt subitement comme s'il avait été frappé de syncope (1). » J'ai démontré que le développement du botrytis dans le sang est très-pénible, que la maladie dure bien des jours avant que le ver en meure, que presque tous les organes du ver en sont encombrés avant que dans le sang se soient développés quelques filaments, que dans le ver mourant il n'y a pas une diminution très-remarquable dans la quantité de sang ; aussi, tout en admettant les altérations quantitatives et qualitatives du sang dans le ver muscardiné, je m'explique d'une manière différente la mort du ver. Dans le papillon, à mon avis, c'est une espèce d'asphyxie causée par les filaments de botrytis qui ferment l'accès de l'air aux trachées : d'où la rapidité dans la marche de la maladie. Cette

---

(1) Della natura del calcino o mal del segno. Milano, 1852, page 17.

marche est plus lente dans la larve, parce que la maladie commence dans les voies digestives ; le ver succombe à l'inanition dont les effets sont aggravés par les dérangements de tous les organes qui sont devenus le siége du botrytis, et par les désordres survenus dans la composition et dans la constitution du sang.

CHAPITRE VIII.

TRAITEMENT DE LA MUSCARDINE.

D'après tout ce qui précède, on voit que la muscardine est une maladie contagieuse qu'on rencontre tantôt sporadique, tantôt épidémique ; ainsi les soins du magnanier peuvent être adressés aux cas isolés et à l'épidémie tout entière, et dans les deux cas on peut se proposer le but de guérir la maladie développée ou d'en prévenir le développement. On peut donc viser : 1° à guérir le ver malade ; 2° à le garantir de la maladie ; 3° à traiter l'épidémie ; 4° à la prévenir.

On a proposé plusieurs moyens pour guérir les vers muscardinés, et c'est étrange, puisque la plupart des auteurs conviennent que c'est une maladie qu'on ne peut pas connaître pendant la vie des vers : on traite une maladie sans connaître le malade. En effet, les moyens recommandés sont appliqués de manière que tous les vers de la chambrée, sains ou malades, sont assujettis à leur action. Tant qu'on se limite à conseiller des moyens hygiéniques, il n'y a rien à craindre ; mais, quand on propose des moyens très-actifs, il semble qu'on se soucie très-peu des vers sains, et, pour sauver une dizaine de vers malades, on court le danger d'en tuer des milliers en parfaite santé. On a recommandé la solution de sulfate de cuivre soufflée en rosée sur la feuille, la chaux vive, la lessive de potasse et de chaux, le chlorure de sodium, l'acide azotique convenablement étendu, la feuille mouillée, le bain d'eau fraîche, les fumigations de soufre, la fumée de

12

bois, etc. Mais il ressort, de tout ce que nous avons dit, que tous ces remèdes sont ou inutiles ou dangereux, et je puis répéter ici ce que j'ai écrit ailleurs : « Je suis convaincu que pour guérir le ver il faut guérir le botrytis, et la vie du botrytis est plus tenace que la vie du ver, d'où il dérive que le remède ou ne touche ni l'un ni l'autre, ou attaque fortement tous les deux, et le ver sauvé du botrytis est tué par le remède. Et, quand même on aurait trouvé le remède pour guérir le ver, je ne sais pas s'il vaudrait la peine de l'employer ; car ce ne sont pas les maladies isolées, mais les épidémies qui ravagent les magnaneries(1). » Je ne saurais donc jamais conseiller des moyens destinés à guérir les vers malades de muscardine quels qu'ils soient, parce que je crois qu'il y a toujours bien plus à craindre pour les sains qu'à espérer pour les malades.

Nous n'avons pas non plus de moyens capables de garantir les vers de la muscardine, car, comme nous l'avons vu dans les chapitres précédents, les vers les mieux portants en sont attaqués de préférence. Quand donc le principe contagieux s'est enfermé dans une magnanerie, quelque minutieux que soient les soins qu'on donne aux vers, on ne peut jamais parvenir à les rendre inattaquables de la maladie.

S'il n'y a pas de moyens pour guérir les cas isolés de muscardine, il ne peut pas y en avoir pour en guérir des centaines et des milliers. Voilà donc écartées la méthode curative de la muscardine sporadique, la méthode préservative de la muscardine sporadique et la méthode curative de la muscardine épidémique. Il reste donc le traitement préservatif de l'épidémie, qui est le plus important pour le magnanier, et le seul possible, quoique très-difficile et encore problématique.

Dans tout traitement préservatif, on a deux objets en vue, détruire dans l'organisme la disposition à la maladie, en

---

(1) Della coltivazione del gelso et del governo del filugello. Torino, 1854, page 222.

détruire au dehors les causes déterminantes. Il ne peut être ici question du premier de ces objets, parce que la santé la plus florissante des vers étant la meilleure disposition à la muscardine, le magnanier ne trouve pas économique de détruire la santé des vers pour les préserver de la muscardine. Aussi ne devons-nous nous occuper que des moyens de détruire les causes déterminantes. Or ces deux causes déterminantes sont les sporules du *Botrytis Bassiana* qu'il nous faut chercher dans leur source et dans leurs dépôts.

La source des sporules botrytiques est le ver muscardiné (1). Nous avons vu que pendant la vie il n'y a dans le ver muscardiné que le développement de filaments à l'intérieur, que c'est seulement après la mort que les filaments sortent au dehors des téguments, et que ce n'est que trois ou quatre jours après qu'a lieu la fructification, c'est-à-dire la formation et la maturation des sporules. Ainsi rien de plus facile au monde que de détruire la source de la muscardine, le foyer principal de reproduction du botrytis ; il suffit de visiter soigneusement les claies, changer très-souvent les litières, chercher les vers morts et les brûler. Le feu détruit tout ce qu'il y a d'organique ; le botrytis est détruit avant qu'il ait mûri les sporules ; il n'y a plus de muscardine à craindre des vers brûlés.

On a trouvé le moyen efficace, mais l'application difficile. « Les vers, dit M. Vittadini, à peine morts de muscardine, ne peuvent être distingués des vivants et sains qu'en les touchant ; mais, surtout dans les grandes éducations, il n'est pas possible de voir et de toucher aisément tous les vers, de manière qu'en général on ne recueille que les cadavres des vers rougis ou même déjà incrustés, parce qu'on les distingue plus facilement. Encore beaucoup d'entre eux sont recouverts par les vers vivants et par les restes de la feuille qu'on

---

(1) Il n'est pas impossible que des sporules botrytiques germent au dehors du ver à soie ; il suffit de l'humidité pour leur imprimer le mouvement de la vie. Mais ce serait une végétation exceptionnelle, qu'on peut négliger.

leur distribue incessamment, surtout dans le cinquième âge, et par là ils échappent aux recherches même les plus minutieuses. Cette récolte de cadavres, d'ailleurs, devient tout à fait impossible dans les premiers âges, attendu le petit volume des vers. Il en résulte que la plupart des cadavres des vers qui ont succombé à la muscardine, n'étant pas enlevés en temps convenable, restent ensevelis dans les litières, où ils se couvrent, en peu de temps, d'une copieuse poussière muscardinique, et quand on dédouble les claies après la mue, ou quand on ôte la litière, elle se répand partout et augmente encore l'infection déjà existante, jusqu'à la rendre enfin presque générale (1). »

Mais je ne trouve pas qu'il soit toujours nécessaire de faire le choix des vers morts de muscardine. Toutes les fois que le magnanier a conçu le soupçon que la muscardine s'est insinuée dans sa magnanerie, le premier de ses devoirs est de visiter, avec toute la diligence dont il est capable, les claies et les litières ; s'il n'y a que des cas isolés, il suffit de les chercher et de brûler les cadavres. S'il y a parmi les cadavres des cas douteux, il les brûlera tous, quelle que soit la maladie à laquelle ils ont succombé. S'il y a diffusion épidémique, il ne faut pas s'arrêter aux demi-mesures ; il faut couper court ; on retire au moyen des filets les vers sains, on roule la litière, on la porte au dehors de la magnanerie et on y met le feu. La combustion doit être surveillée ; car, pour être efficace, elle doit être générale et complète : il faut que rien n'échappe au feu ; il faut brûler jusqu'à parfaite incinération les vers, les restes de feuilles et les crottins même des vers. Voilà, à mon avis, le seul moyen, mais le moyen sûr et infaillible pour détruire dans sa source le foyer principal de l'infection muscardinique. Je ne crois pas qu'il soit nécessaire d'insister sur ce point ; il me paraît si simple et si clair, que tout commentaire est inutile. J'en suis tellement convaincu,

---

(1) De' mezzi di prevenire il calcino o mal del segno ne' bachi da seta, Milano, 1853, page 27.

que je n'hésite pas à affirmer qu'on éviterait les neuf dixièmes des pertes énormes que la muscardine cause tous les ans, si tous les magnaniers, qui ne cessent pas de s'en plaindre, voulaient se donner la peine de le mettre en pratique. Nous avons vu, en effet, combien de millions de sporules mûrissent sur un ver à soie muscardiné ; une centaine de ces vers bien muscardinés donneraient des centaines de milliers de millions de sporules. On a le bonheur de pouvoir les détruire en germe, avec un moyen aussi sûr que simple et qui, par-dessus le marché, ne coûte rien. Cependant je ne crois pas qu'il y ait bien des magnaniers qui l'aient essayé ; tous se plaignent du mal, personne ne veut se donner la peine d'y appliquer le remède. C'est ce qui arrive tous les jours en agriculture et dans les arts agricoles ; les savants écrivent dans leurs cabinets et discutent au sein des académies, mais leur voix n'arrive pas jusqu'aux routiniers, et, si elle y arrive, elle en est dédaignée. C'est un fait regrettable qui doit disparaître et qui disparaîtra sans doute par la diffusion des lumières.

S'il était aussi facile de détruire les dépôts de sporules, que nous avons vu qu'il l'est d'en détruire la source, le traitement préservatif serait assis sur des bases inébranlables ; le problème de préserver les magnaneries de la muscardine serait résolu. Mais, par malheur, il n'en est pas ainsi ; c'est parce qu'elles sont épidémiques partout, qu'elles ne peuvent pas être saisies, qu'elles échappent à la vue.

Nous avons dit que les sporules, par leur petitesse et leur légèreté, une fois détachées des vers muscardinés, peuvent être transportées au loin par le souffle le plus léger, par l'agitation la plus insensible de l'air. Dans une magnanerie infectée, il peut y avoir des millions de sporules qui voltigent dans son atmosphère, sans que personne s'en doute ; c'est ainsi qu'elles s'insinuent dans les trous, les fentes, les commissures, et, partout où elles pénètrent, s'attachent et adhèrent pendant des années, sans rien perdre de leur puissance germinative. Tous ces points sont des dépôts de sporules ou de matière contagieuse muscardinique qui, en se détachant et en retombant sur les vers, reproduit les épidémies de muscardine. C'est dans ces dépôts qu'il faut reconnaître la cause permanente des épidémies muscardiniques, et c'est contre eux qu'il faut diriger toutes les attaques si on veut en préserver les magnaneries. On peut atteindre ce but par deux moyens : l'un, c'est de mettre les sporules dans des conditions qui empêchent absolument leur germination ; l'autre, c'est de détruire leur faculté germinative. Il va sans dire que le dernier de ces deux moyens est plus efficace et plus sûr que le premier; mais nous verrons, dans la suite, que par sa difficulté d'application ses résultats sont plus incertains.

Afin de mettre un peu d'ordre dans cette discussion, je diviserai en deux classes tous les agents employés pour désinfecter les magnaneries : les substances employées en suspension ou en dissolution et les substances employées en état de vapeurs. Dans la première catégorie on trouve les agents les plus énergiques; mais leur efficacité échoue dans la plupart des cas, parce qu'il est impossible de les porter au contact de tous les dépôts de sporules; dans l'autre, on trouve les agents dont l'application directe sur tous les dépôts est plus ou moins facile, mais dont le pouvoir de détruire la puissance germinative des sporules est très-problématique. Mais avant tout nous ne devons pas négliger une méthode désinfectante, proposée par M. Charrel, qui ne peut être rapportée ni à l'un ni à l'autre des deux moyens que nous avons signalés pour détruire les dépôts d'infection muscardinique.

M. Charrel, pour détruire la puissance germinative des sporules, conseille de provoquer leur germination anticipée et de faire périr la plante avant qu'elle ait fructifié. « Tous nos cultivateurs, dit-il, ont à leur disposition les moyens de produire cette germination. La récolte des fourrages se fait toujours après les cocons. Tout le monde sait que, quel que soit le degré de dessiccation qu'acquiert le fourrage avant d'être en grange, il s'opère toujours, après son agglomération, une

fermentation ou transsudation. Cette fermentation développe
du calorique et de l'humidité, conditions nécessaires à la germination des sporules du botrytis. Pourquoi les ateliers ne
seraient-ils pas transformés en fenil? Ceci est chose on ne peut
pas plus facile à nos cultivateurs. Si je recommande ce procédé, c'est que je l'ai vu employer avec succès (1). » Il paraît
que M. Charrel a voulu traiter les sporules botrytiques,
comme on traite les semences des mauvaises herbes pendant
la jachère, pour en débarrasser les champs; on les fait germer, et, quand elles ont suffisamment levé, on les enfouit au
moyen des labours. Je ne veux pas lui contester la facilité de
les faire germer; mais je ne puis pas concevoir pourquoi il
faut convertir en fenil une magnanerie pour avoir de l'humidité et de la chaleur, qu'on peut se procurer tout simplement et plus sûrement avec la vapeur d'eau. Admettons donc
que, d'une manière ou d'une autre, on ait fait germer les
sporules; comment s'y prendre pour détruire les plantes
avant qu'elles aient fructifié? C'est ce que M. Charrel ne
nous a pas enseigné, et c'est le point essentiel de la question, et, tant qu'il ne nous aura pas révélé le moyen de
détruire les Champignons qu'il a fait germer, on a le droit de
dire que sa méthode, au lieu de détruire, ne fait que multiplier les foyers d'infection et augmenter les chances des épidémies.

Passons maintenant en revue les substances liquides et
solides tenues en dissolution ou en suspension dans l'eau;
car c'est parmi ces substances qu'on trouve les agents les
plus puissants, dont l'action est tellement sûre, qu'il n'y a
pas de substance organique qui n'en soit attaquée, décomposée, détruite. J'ai fait des expériences avec les acides sulfurique, azotique, chlorhydrique, avec la potasse caustique,
le sulfate de cuivre, la chaux.

J'ai opéré, avec l'acide sulfurique, à 1.813; avec l'acide
azotique, à 1.30; avec l'acide chlorhydrique, à 1.15; avec la

_____

(1) Traité des magnaneries. Paris, 1848, page 135.

solution de potasse caustique, à **1.23** : ces substances ont été employées telles qu'on les vend dans le commerce. La solution de sulfate de cuivre a été assez concentrée pour qu'on ait pu voir au microscope un grand nombre de petits cristaux de ce sel mêlés aux sporules botrytiques. Quant à la chaux, j'ai préféré la chaux extrêmement divisée, telle qu'on la prépare pour les analyses chimiques.

Quant aux acides et à la potasse, je ne doutais pas de leur faculté de détruire les substances organiques et, partant, de détruire non-seulement la faculté germinative des sporules, mais les sporules elles-mêmes. Mais il restait une question d'application : il fallait déterminer les conditions dans lesquelles leur action était assurée ; il fallait rechercher s'il y avait des circonstances capables de l'affaiblir.

J'ai pris des morceaux de la croûte muscardinique, et je les ai délayés au moyen d'une goutte d'eau sur des verres à microscope : j'ai attendu quelques heures, pour que l'eau se fût évaporée, et que la matière des sporules se trouvât dans des conditions analogues à celle des dépôts de sporules qui se forment naturellement dans les magnaneries infectées. Alors j'ai fait couler quelques gouttes de liquide sur le verre, que j'ai répandues sur toute sa surface : cinq minutes après, j'ai lavé le verre assez légèrement pour enlever le liquide sans en détacher les sporules. Puis j'ai versé sur le verre lavé une goutte d'eau sucrée, et je l'ai placé dans un endroit humide. Deux jours après, en cherchant, au microscope, s'il y avait développement de botrytis, j'ai observé, presque constamment, qu'entre le troisième et le cinquième jour on rencontrait des filaments botrytiques dans quelques endroits du verre, quel qu'eût été le liquide employé pour détruire les sporules. J'ai répété plusieurs fois ces expériences, toujours avec le même résultat.

La durée de cinq minutes de contact n'est donc pas suffisante pour permettre à ces agents de développer leur pouvoir destructeur des substances organiques. Alors j'ai répété les expériences ; et, au lieu de cinq minutes, j'ai prolongé le contact du liquide avec les sporules jusqu'à quinze minutes : puis j'ai lavé légèrement le verre, j'y ai versé la goutte d'eau sucrée, et je l'ai placé dans l'endroit humide. Je me suis convaincu que même un quart d'heure n'est pas toujours suffisant à ces liquides pour détruire toutes les sporules : presque toujours j'ai rencontré à son temps, sur les verres, des filaments botrytiques plus ou moins nombreux.

Étonné de cette ténacité de vie des sporules, je versai sur les verres une goutte de ces liquides avec une goutte d'eau sucrée, et sans les laver je les plaçai sous l'influence de l'humidité. Lorsque je les observai au microscope, je n'y trouvai rien : non-seulement il n'y avait pas de filaments, mais on ne voyait pas même des traces de sporules. Il était donc prouvé que le contact prolongé détruisait les sporules.

Il me fallait alors déterminer le minimum de durée nécessaire pour assurer la destruction des sporules. J'ai laissé ces dépôts artificiels sur les verres pendant une heure en contact avec les acides concentrés et la solution de potasse caustique ; ce temps a suffi toujours pour empêcher tout développement de botrytis, quels qu'aient été les soins que j'aie donnés aux sporules ainsi maltraitées.

Ainsi il ressort de ces expériences que les acides sulfurique, azotique, chlorhydrique, et la solution de potasse caustique, ont le pouvoir de détruire les sporules botrytiques ; qu'ils ont besoin d'une certaine durée de contact ; qu'un quart d'heure n'est pas assez, qu'une heure suffit (1).

Cependant, quoique l'action des acides forts et concentrés soit puissante et ses effets sûrs, on ne peut pas en tirer parti

---

(1) C'est, sans doute, un fait étonnant que cette résistance des sporules botrytiques à l'action des acides forts et de la potasse. Si nous voulons nous en rendre compte, il faut se rappeler que, quelque minces que soient les morceaux de croûte muscardinique qu'on délaye sur les verres, il y a toujours plusieurs couches de sporules. Les agents destructeurs opèrent sur la surface ; c'est donc la seule couche supérieure qui est entamée ; les inférieures, presque défendues par la première couche décomposée, n'en sont attaquées et détruites que quelque temps plus tard. A cela il faut ajouter que ces liquides ne mouillent pas les sporules.

pour la désinfection des magnaneries ; car, avant tout, il n'est pas possible de les appliquer partout où peuvent se trouver les dépôts de sporules ; ensuite, ayant besoin d'une demi-heure au moins de contact pour détruire les sporules, ils endommageraient tous les ustensiles de la magnanerie : ainsi le dommage serait sûr, la préservation de l'infection très-problématique. Il n'est donc pas question des acides forts et concentrés.

Il n'en est pas ainsi de la potasse : en solution convenablement concentrée, elle a le pouvoir de détruire les sporules, si elle y reste en contact pendant un certain temps ; mais son action sur les ustensiles de la magnanerie n'est pas aussi destructive que celle des acides forts et concentrés ; on peut donc l'employer sans crainte de les endommager sensiblement. Mais on y remarque le même inconvénient que nous avons trouvé aux acides, parce qu'il tient à la constitution liquide de ces corps ; c'est qu'il n'est pas possible de l'appliquer à tous les endroits où peuvent se déposer et se cacher les sporules. Ainsi son emploi doit être regardé comme sûr, mais aussi comme incomplet : sûr dans les lieux d'application facile, incomplet pour les endroits où son application est difficile ou impraticable. C'est un moyen qui n'est pas à dédaigner, mais sur lequel on ne peut pas se reposer avec toute confiance. C'est donc un avis très-sage que donne M. Robinet, lorsqu'il conseille de passer à la lessive bouillante les filets et les canevas, les toiles et les cordes de la magnanerie (1).

M. Bérard, de Montpellier, recommande de « laver toutes les parois de l'atelier, tous les ustensiles qui ont servi à l'éducation, en un mot tout le mobilier de l'atelier, avec une solution de sulfate de cuivre (vitriol bleu), dans la proportion de deux kilogrammes de sulfate de cuivre par hectolitre d'eau (2). » J'ai fait des expériences sur cette solution bien plus concentrée, dans le but de voir jusqu'à quel degré elle

---

(1) *Manuel de l'éducateur des vers à soie.* Paris, 1848, page 231.
(2) Charrel. — *Traité des magnaneries.* Paris, 1848, page 136.

aurait le pouvoir de détruire dans les sporules botrytiques la puissance germinative, et il m'est arrivé presque toujours de voir, sur le verre soumis au microscope, des filaments plus ou moins nombreux, quoique les dépôts de sporules eussent été en contact assez longtemps avec la solution, et je rencontrais constamment les filaments mêlés aux cristaux du sel. Ainsi je regarde ces lavages comme tout à fait impuissants.

Presque tous les auteurs reconnaissent dans la chaux un des moyens les plus importants pour la désinfection des magnaneries ; il faut donc croire qu'une observation constante en a constaté les bienfaits. J'étais prévenu contre le pouvoir de la chaux, parce qu'elle est très-peu soluble dans l'eau; et il me paraissait étrange qu'on eût pu trouver dans la chaux une force qu'on cherchait en vain dans les acides et dans la potasse. J'entrepris néanmoins des essais ; et, quelle qu'ait été la quantité de chaux en dissolution et en suspension dans l'eau, j'ai trouvé toujours de nombreux filaments développés sur le verre, deux ou trois jours après que les sporules avaient été mises dans les conditions favorables à leur germination. Ainsi je suis parfaitement convaincu que la chaux est tout à fait impuissante, que son contact est presque absolument innocent pour les sporules.

Cependant il n'est pas moins vrai que presque tous les magnaniers croient avoir trouvé dans la chaux un préservatif jusqu'à un certain point efficace contre les invasions épidémiques de la muscardine. Je donne beaucoup aux expériences ; mais il faut faire aussi sa part à l'observation ; et, quand il y a une contradiction apparente entre les faits d'expérience et les faits d'observation, il n'est pas permis de couper court et de rejeter ces derniers hardiment et sans examen : il est plus rationnel et plus équitable de les examiner sous tous les rapports, et de chercher la solution dans une manière de les interpréter qui fasse disparaître la contradiction. Ainsi, tout en niant à la chaux le pouvoir de détruire les sporules ou leur puissance germinative, nous pouvons y reconnaître un autre pouvoir, celui de mettre les sporules dans de telles conditions, qu'il leur soit impossible de germer, quoiqu'elles en aient la puissance. En effet, qu'est-ce qu'on fait lorsque l'on blanchit à la chaux les parois et le plafond d'une magnanerie ? On bouche tous les trous et toutes les fentes, on couvre d'un enduit tenace et épais toutes les surfaces du local : en conséquence, toutes les sporules qui se trouvent déposées sur les parois, sur le plafond, ou cachées dans les fentes et dans les trous, restent ensevelies sous cette couche de chaux ; et, quand même leur puissance germinative serait mille fois plus grande, elles ne pourraient jamais germer dans les conditions où on les a réduites. Il faut donc bien interpréter l'action de la chaux : elle ne détruit pas la puissance germinative des sporules, mais elle empêche leur germination. C'est un moyen sur lequel on peut compter, mais seulement pour les objets auxquels il peut être appliqué ; c'est le meilleur pour désinfecter les parois des murs et le plafond de la magnanerie.

On a proposé aussi le chlorure de chaux, le sel marin, le sel ammoniac, l'azotate de plomb, l'huile essentielle de térébenthine, la chaleur, etc. Je n'ai pas cru nécessaire de faire encore des essais sur ces agents; les résultats que j'avais obtenus des acides forts et de la potasse étaient plus que suffisants pour juger tous les autres. Mais les deux derniers, l'huile essentielle de térébenthine et la chaleur, ne méritaient pas d'être négligés : l'une, parce qu'elle avait été recommandée avec grande instance par M. Guérin-Méneville; l'autre, parce qu'elle a en elle-même, encore mieux que les acides et la potasse, le pouvoir de détruire toute substance organique. J'ai fait quelques essais dont je ne suis pas trop satisfait; je vais les présenter tels qu'ils sont.

Au moyen d'une goutte d'eau, j'ai étendu sur des verres à microscope de la poussière muscardinique, et après sa dessiccation je l'ai traitée avec l'huile essentielle de térébenthine : après deux heures de contact, j'ai lavé légèrement les verres, puis j'y ai versé une goutte d'eau sucrée, et je les ai placés dans les conditions les plus favorables que j'ai pu pour le développement du cryptogame. Il ne s'est pas développé partout; quelques verres présentaient le botrytis, d'autres n'en avaient pas. Ce sont des expériences faites pendant l'hiver. J'ai cherché à procurer toute l'humidité et la chaleur convenables le plus constamment que j'ai pu, mais on voit bien que les sporules n'étaient pas placées dans les meilleures conditions pour germer. Malgré tout cela, j'ai eu des cas de développement : ainsi on peut affirmer que l'huile de térébenthine n'est pas un moyen sûr contre la muscardine. C'est le jugement le plus favorable à cet agent; mais je crois qu'il ne vaut pas mieux que les autres, parce que, à mon avis, les sporules ne sont pas développées partout, probablement par défaut de conditions favorables.

J'ai essayé les effets de la chaleur à **100°**, à l'eau bouillante, en plaçant les verres à microscope dans une fiole à large bouche, que j'ai entretenue, pendant plus d'un quart d'heure, sur un vase où je faisais bouillir de l'eau ; ensuite j'y ai versé l'eau sucrée, et je les ai placés dans des conditions pas assez convenables : j'ai eu le même résultat que m'avait donné l'huile de térébenthine.

J'ai augmenté le degré de chaleur : j'ai placé des verres à microscope, sur lesquels j'avais déjà fait des dépôts de sporules, sur un disque de laiton avec des morceaux de papier. Au moyen d'une lampe à alcool, j'ai chauffé jusqu'à ce que le papier commençât à rougir ; puis j'y ai versé la goutte d'eau sucrée, et je les ai mises à germer. Cette augmentation de chaleur ne m'a pas donné de résultats plus satisfaisants ; au contraire, j'ai rencontré le botrytis dans un plus grand nombre de vers. Ce qui m'a fait croire que, si, dans quelques cas, les sporules n'ont pas germé, on n'a pas un droit incontestable d'en attribuer la cause à la térébenthine ou à la chaleur. Je me propose de répéter et de varier ces expériences dans un temps plus convenable.

Venons maintenant aux substances capables de prendre la forme gazeuse, qui ont été employées contre la muscardine, même avant qu'on en ait connu la nature et la cause :

c'était une pratique empirique qui passait des hôpitaux aux magnaneries. Les corps gazeux ont sur les substances liquides un grand avantage ; ils n'ont pas besoin de la main du magnanier pour être appliqués sur les dépôts de sporules : c'est par force intrinsèque, par la force de tension élastique, qu'ils vont chercher les sporules partout où elles se trouvent, parce que par cette force expansive ils se répandent par toute la magnanerie, et pénètrent dans tous les trous, dans toutes les fentes, dans les endroits les plus reculés et les plus cachés. A cet avantage ils en joignent un autre ; c'est qu'ils n'endommagent pas les ustensiles et les objets auxquels on les applique. Ainsi, s'ils étaient aussi sûrs et énergiques dans leur action qu'ils sont faciles et innocents dans leur application, il n'y aurait rien à désirer dans le traitement préservatif de la muscardine ; il n'y aurait rien de plus facile que de désinfecter une magnanerie : c'était donc leur puissance destructive des sporules qu'il fallait avant tout constater, et c'est dans ce but que j'ai fait un grand nombre d'essais.

Commençons par le corps gazeux qui jouit d'une grande réputation auprès des praticiens aussi bien qu'auprès des savants, la fumée de bois. On avait remarqué, depuis longtemps, que les éducations faites par les paysans dans la même pièce où ils faisaient leur feu, dans la cuisine, étaient les seules qui ne présentaient pas de vers muscardinés, si ce n'étaient des cas sporadiques et isolés. On conçut alors l'idée que la fumée pouvait être un moyen très-efficace de désinfection, d'autant plus qu'on connaissait la pratique, dans les ports, de soumettre à des fumigations les objets provenants de lieux suspects d'infection contagieuse. M. Foscarini, en 1820, publia des observations très-intéressantes à ce sujet. « Pendant le cours de vingt années, dit-il, que je me suis occupé des vers à soie, j'ai eu quatre fois la muscardine ; en 1813 dans une division, en 1816 dans une autre, et en 1818 et en 1819 dans les divisions placées dans la même chambre... A peine je reconnus la maladie, je pris des faisceaux de paille, je les allumai, et je fis du feu et de la fumée tout autour de la chambre, en parcourant toutes les claies, de façon que tout le local et tous les vers en subissent l'influence... Cette pratique m'a donné pour résultat constant une bonne récolte de cocons, malgré qu'il y en eût environ 6 pour 100 avec la chrysalide muscardinée... Je dois remarquer que, dans deux de ces cas surtout, la muscardine menaçait d'exercer des dommages bien graves. Non-seulement dans ces expériences sur mes vers, mais dans beaucoup d'autres faites d'après mes conseils par d'autres cultivateurs, j'ai trouvé toujours que, toutes les fois que le remède était pratiqué au commencement de l'épidémie, son effet était très-favorable (1). »

Les observations de M. Foscarini recevaient une confirmation par celles de MM. Decapitani, Sicca, Vassalli et Annoni; et M. Laure y a ajouté un fait d'une certaine importance. « Dans une grande magnanerie, dit-il, qui n'avait pas encore été munie d'un calorifère, les vers souffraient souvent du froid, dans une température qui souvent ne marquait pas plus de 11 à 12 degrés : il en mourait de différentes maladies, et entre autres la muscardine s'y montrait tous les ans et y causait des dommages considérables. L'éducation de 1849 ayant absolument manqué à cause de la basse température de la magnanerie, on pensa, dans l'éducation de 1850, à faire de grands feux au milieu et en différents points du local, et on fut obligé de les continuer pendant plusieurs jours à cause de la température extérieure trop froide. Ces feux remplissaient de fumée l'intérieur de la magnanerie, et cette fumée était quelquefois si intense, qu'on pouvait à peine donner aux vers les soins nécessaires, et, quoiqu'on n'eût pas de cette éducation les résultats qu'on s'en attendait, on n'y remarqua que très-peu de vers muscardinés. L'année suivante, huit jours avant l'éclosion des vers, on fit brûler dans cette magnanerie plusieurs faisceaux de bois, et on préféra les plantes résineuses et vertes pour avoir une fumée

(1) Ricoglitore, 31 marzo 1820.

plus intense et plus pénétrante, en fermant toutes les ouvertures et n'y rentrant que plusieurs jours après. L'éducation eut une réussite satisfaisante; mais ce qui est très-remarquable, c'est qu'on n'y rencontra pas même un seul ver muscardiné; la fumée en avait détruit tous les germes (1). »

Mais c'est à M. Vittadini qu'on est redevable des expériences directes sur l'action de la fumée contre les germes muscardiniques. Il plaçait, sur des verres à microscope, de la poussière récente de muscardine; ensuite il les mettait dans des locaux d'une capacité déterminée, qu'il remplissait de fumée. Il employait pour combustibles les écorces de différents végétaux, et variait les fumigations dans leur intensité aussi bien que dans leur durée. La fumigation terminée, il faisait couler sur les verres quelques gouttes de sang d'un ver vivant et sain; puis il les plaçait dans des appareils qui réunissaient toutes les conditions favorables à la germination des sporules et au développement de la plante. Dans le même appareil et dans les mêmes conditions il plaçait d'autres verres avec la même poussière muscardinique qui n'avait pas été soumise à la fumigation. Après vingt-quatre heures, il commençait les observations au microscope, qu'il répétait les jours suivants; et il jugeait de l'action des fumigations d'après le degré de végétation de la mucédinée. Voici les conclusions auxquelles il est parvenu après un grand nombre d'expériences qu'il a modifiées de différentes manières:

« 1° Une fumigation complète, c'est-à-dire telle qu'il est impossible de voir les objets enveloppés dans la fumée, détruit en moins d'une demi-heure la faculté végétative des sporules botrytiques, et, quand elle dure plus longtemps, elle en altère la forme et les désorganise complétement.

« 2° En diminuant l'intensité de la fumigation, il faut un temps proportionnellement plus long pour avoir le même résultat.

« 3° Une fumigation, quoique moins intense et de plus

---

(1) *Annales de l'agriculture française.* Août 1851, page 110.

courte durée, peut aussi détruire la faculté végétative des sporules botrytiques, pourvu qu'elle soit suffisamment répétée.

« 4° Une fumigation très-légère, mais continuée pendant
plusieurs jours de suite, peut aussi agir sur les sporules de
manière à leur ôter peu à peu la faculté germinative.

« 5° Les vers à soie peuvent résister pendant longtemps
à l'action d'une fumigation pyroligneuse même la plus intense, sans qu'ils en souffrent le moins du monde.

« 6° Les fumigations peu intenses, quoique continuées
plusieurs jours de suite, n'incommodent pas les vers : soumis
au même traitement, ils parcourent les différentes périodes
de leur vie, dans le même temps et de la même manière que
d'autres vers de la même éducation qui n'ont pas été traités
avec les fumigations.

« 7° Si l'on répand sur des vers la poussière muscardinique, et puis, immédiatement après, qu'on les soumette à
une fumigation plutôt intense que répétée, ils ne sont pas
tous attaqués de la muscardine.

« 8° Une fumigation complète peut aussi, en peu d'heures,
désinfecter les locaux destinés à l'éducation des vers à soie
et tous les ustensiles qui peuvent se trouver en contact avec
eux pendant leur éducation (1). »

Je me proposais de répéter les expériences de M. Vittadini, vu l'importance des résultats qu'on pouvait en attendre dans le traitement préservatif des épidémies de muscardine ; car, avec un moyen très-simple, qui ne coûte rien,
que tout magnanier a à sa disposition, qui ne peut pas nuire,
qui ne demande pas une adresse particulière pour être convenablement appliqué, on parviendrait sûrement à désinfecter les magnaneries et tous les ustensiles. Aussi ai-je commencé par l'examen du fait capital, c'est-à-dire la puissance
de la fumée, pour détruire la faculté germinative des sporules botrytiques. Dans mes expériences, j'ai suivi, sauf quel-

_____

(1) De' mezzi di prevenire il calcino o mal del segno ne' bachi da seta.
Milano, 1853, page 12.

ques modifications insignifiantes, la même méthode adoptée par M. Vittadini ; et comme je voulais, avant tout, m'assurer de l'efficacité de la fumée, ayant échoué dans mes premiers essais, j'ai cherché à multiplier les conditions favorables à son action. J'ai pris de gros flacons à large bouche, j'ai mis le feu à de l'écorce de Chêne, j'ai fait passer la fumée dans les flacons, et, quand je les voyais tellement remplis de fumée qu'on n'aurait pu y distinguer des objets, j'y plaçais les verres sur lesquels j'avais répandu les sporules, puis je les fermais avec des bouchons de liége, pour empêcher que la fumée ne fût dissipée trop tôt. Le jour suivant, sur les mêmes verres je répétais la même fumigation dans les mêmes flacons. Le troisième jour, je faisais la troisième fumigation.

J'avais donc une fumigation complète, répétée trois jours de suite, et qui se continuait très-longtemps, parce que la fumée était retenue pendant plusieurs heures dans ces flacons bien bouchés. En effet, la fumigation était tellement intense, que, lorsque j'observais les verres au microscope, j'y trouvais constamment un certain nombre de petits morceaux de charbon entraînés par les gaz de la combustion et déposés sur ces verres. Après trois jours de ce traitement, je faisais couler une goutte d'eau sucrée sur les verres, et pour écarter tout soupçon que de nouvelles sporules y eussent été déposées, je les couvrais d'autres verres à microscope : je plaçais les doubles verres dans un appareil humide, et je les y laissais pendant quarante-huit heures ; ensuite je commençais les observations microscopiques. Or, dans un grand nombre de ces expériences, il ne m'est jamais arrivé de ne pas trouver des filaments plus ou moins nombreux, développés entre les deux verres ; et, quand je comparais la germination des sporules et la végétation de la mucédinée sur les verres traités par les fumigations et sur les verres sans aucun traitement, je ne trouvais jamais de modifications qu'on eût pu attribuer à l'action de la fumée. J'ai pleine confiance dans M. Vittadini, comme expérimentateur habile et consciencieux; mais il m'est impossible de ne pas croire à ce que j'ai vu de mes yeux. Je ne sais pas concevoir ni interpréter la différence des résultats dans les expériences de M. Vittadini et dans les miennes : c'est peut-être une question encore indécise; mais, jusqu'à décision définitive, c'est mon devoir et mon droit de croire que la fumée n'a pas d'action directe sur la faculté germinative des sporules botrytiques.

Cependant il n'est pas raisonnable de rejeter tout nettement, comme une illusion, la croyance générale en Lombardie, fortifiée par les observations des savants en Italie et en France, que la fumée est un puissant préservatif des épidémies de muscardine; il doit y avoir quelque chose de vrai; il pourrait en être comme de la chaux, qui peut empêcher la germination des sporules, sans avoir la puissance de détruire leur faculté germinative. En effet, M. Guérin-Méneville, qui avait remarqué que les éducations faites par les paysans dans leurs cuisines réussissaient presque toujours, tandis que les autres faites dans les chambres ou dans les granges étaient ordinairement ravagées par différentes maladies et surtout par la muscardine, en cherchant la cause de cette différence, croit la trouver dans la ventilation déterminée par le feu (1); ce qui ne me paraît pas admissible, parce que la ventilation est plutôt un moyen de dissémination des sporules, et que ni la ventilation par les coups de feu ni la ventilation mécanique à la d'Arcet ne garantissent les vers de la muscardine, une fois que la magnanerie en est infectée. M. Sina avait remarqué que dans une chambrée les seuls vers épargnés par la muscardine se trouvaient aux environs d'une cheminée où l'on avait tenu le feu allumé sans cesse; il traita par le feu et la fumée les ustensiles de la magnanerie et la magnanerie elle-même, et il

(1) *Comptes rendus hebdomadaires des séances de l'Académie des sciences.* Tome XXXIV, 16 février 1852.

parvint à la débarrasser de la muscardine (1). Il en attribua
la cause au feu : c'est sans doute le plus puissant des agents
destructeurs, mais c'est aussi le plus dangereux de tous ; si
on voulait brûler toutes les sporules dans une magnanerie
infecte, on courrait le risque d'un incendie. La manière d'a-
gir de la fumée est peut-être analogue à celle de la chaux ;
c'est l'opinion de M. Vassalli. Il recommande de brûler dans
la magnanerie des substances qui, au lieu de développer une
flamme vivace, dégagent une fumée épaisse et huileuse :
« cette opération, répétée tous les jours deux ou trois fois,
fait pénétrer dans tous les trous du plafond, des murs, et sur
tous les ustensiles de la magnanerie, une fumée épaisse, qui
dépose une espèce d'enduit huileux, qui arrête la poussière
muscardinique dans tous les endroits où elle se trouve, et la
rend impuissante à se répandre par le local et à communiquer
l'infection aux vers (2). » Je crois que c'est précisément ainsi
qu'il faut interpréter l'action désinfectante de la fumée : la
suie, en effet, se dépose partout où pénètre la fumée ; et l'on
sait avec quelle ténacité la suie s'attache aux objets s r lesquels elle a été déposée. Il est donc bien naturel de concevoir comment les sporules, quel que soit le lieu de leur dé-
position, une fois couvertes d'une couche même très-mince de
suie, ne pourront plus se détacher ni germer, quoique leur
faculté germinative n'ait été le moins du monde altérée par
la fumée. Mais, si la véritable interprétation de l'action de la
fumée est telle que nous venons de l'expliquer, il s'ensuit
qu'une ou deux fumigations ne peuvent pas suffire ; qu'il
faut les répéter tant de fois, qu'enfin il se soit déposé de la
suie sur la surface des objets infectés.

Les fumigations de soufre n'ont pas moins été célébrées
que la fumée de bois : leurs effets seraient dus à l'action de
l'acide sulfureux dans lequel se convertit le soufre qui brûle.

---

(1) Annali dell' Accademia d'agricoltura. Torino, tome IV, quad. 3,
1847.

(2) Crepuscolo. Milano, 8 luglio 1851.

Mais, pour que le soufre puisse brûler franchement, il faut qu'il soit dans un état de division convenable, et qu'il soit mêlé à d'autres substances combustibles, des morceaux de bois, du coton, par exemple. La quantité de soufre à brûler pour une fumigation, d'après M. Bassi et M. Marès, doit être de 100 grammes environ pour chaque mètre cubique. On a cru que ces fumigations pouvaient non-seulement prévenir, mais aussi arrêter une épidémie déjà développée, sans porter atteinte à la santé des vers. C'est encore à M. Vittadini qu'on doit une série d'expériences à ce sujet. « Voulant m'assurer, dit-il, que les heureux effets de cette pratique devaient être attribués à ces fumigations répétées et non pas au hasard, j'ai fait, pendant la saison qui vient de s'écouler, une série d'expériences à ce sujet : j'ai soumis à l'action des vapeurs sulfureuses plus ou moins intenses, et pour un temps plus ou moins long, non-seulement les germes du botrytis, mais aussi les vers eux-mêmes dans leurs différents âges et sous conditions différentes, et j'en ai obtenu les résultats suivants : 1° une fumigation sulfureuse complète, faite avec les doses de soufre indiquées plus haut, peut en moins de cinquante minutes ôter complétement la faculté végétative aux sporules botrytiques. 2° Une fumigation, même pas trop intense, telle qu'on la pratique ordinairement dans les locaux d'éducation, pourvu qu'elle soit continuée ou répétée quatre ou cinq jours de suite, suffit aussi pour ôter aux sporules leur faculté germinative. 3° Les vers ne résistent pas à une fumigation complète, sans que leur santé en soit gravement compromise, si elle se prolonge au delà de cinq minutes. 4° Les vers, au contraire, résistent assez bien, sans en souffrir le moindre dommage, à l'action d'une fumigation sulfureuse pas trop intense, quoique continuée pendant plusieurs heures et répétée plusieurs jours de suite. 5° Un ver sur lequel on a jeté une certaine quantité de sporules botrytiques peut échapper à leur action et par conséquent à la muscardine, si on l'expose tout de suite à une fumigation sulfureuse peu intense, mais continuée pendant longtemps (1). »

Moi aussi j'ai fait des expériences sur l'action des vapeurs sulfureuses ; j'ai recueilli le plus que j'ai pu de ces vapeurs dans des flacons à large bouche, j'y ai placé les verres avec les sporules, je les ai bouchés et j'ai attendu vingt-quatre heures. J'ai répété la même opération le deuxième et le troisième jour, après quoi je plaçais d'autres verres à microscope sur les verres qui portaient des sporules sur lesquelles j'avais fait couler une goutte d'eau sucrée, et je mettais les couples de verres dans un appareil convenable pour la germination des sporules. C'était sans doute une fumigation plus que complète, car la densité des vapeurs était grande, la durée du contact très-longue, et la fumigation répétée trois jours de suite. Cependant, malgré toute cette énergie de fumigation, dans bien des essais il ne m'a jamais réussi d'avoir détruit, dans les sporules, la faculté germinative ; entre le troisième et le quatrième jour, quelquefois plus tôt encore, le microscope me montrait constamment, entre les deux verres, des filaments botrytiques plus ou moins nombreux. Ainsi j'étais contraint de conclure que les fumigations de soufre ne peuvent inspirer aucune confiance pour prévenir les épidémies de muscardine.

J'ai essayé aussi les fumigations faites avec le chlore, l'acide hypoazotique, l'hydrogène arsenical, et j'ai suivi toujours la même méthode d'expérimentation. Mais, quelles qu'aient été l'intensité de la fumigation, la durée de l'application, l'activité du gaz, la puissance germinative des sporules dans mes expériences a résisté à toutes les épreuves ; elles ont reproduit toujours le botrytis.

Si les gaz ont l'avantage de se répandre partout sans qu'il soit nécessaire de les guider, ceux qui sont doués d'une certaine énergie ont un inconvénient qui paralyse en quelque façon cet avantage, c'est leur pesanteur spécifique, celle de

(1) De' mezzi di prevenire il calcino o mal del segno ne' bachi da seta. Milano, 1838, page 8.

l'acide sulfureux étant de 2,234, celle de l'acide hypoazotique de 1,451, celle du chlore de 2,440, celle de l'hydrogène arsenical de 2,695, ce qui fait que ces gaz, tant que la chaleur soutient en eux un certain degré de tension élastique, s'élèvent et se dispersent partout ; mais à peine se sont-ils refroidis, ils retombent sur le plancher, de façon qu'on ne peut pas être sûr que tous les endroits de la magnanerie aient été soumis à leur action. C'est par la même raison qu'on ne peut pas compter sur les vapeurs de l'huile essentielle de térébenthine, qui sont très-épaisses, s'élèvent très-peu, coulent presque comme une liqueur, et reprennent tout de suite l'état liquide. Je n'ai donc aucune confiance dans les fumigations, quelles qu'en soient la nature et la méthode d'application ; et , si la fumée de bois peut être regardée, jusqu'à un certain point, comme capable d'empêcher la reproduction du botrytis, c'est par action mécanique ; c'est que la suie en enveloppe et en fixe les sporules sur les lieux de dépôt , et, pour en obtenir cet effet , il ne suffit pas de quatre ou cinq fumigations, il faut réduire la magnanerie en cuisine.

RÉSUMÉ DU TRAITEMENT PRÉSERVATIF.

De tout ce que nous avons dit de la nature et de l'origine de la muscardine, il résulte que c'est une maladie contagieuse, souvent épidémique, dont le principe contagieux est constitué par les sporules du *Botrytis Bassiana*. Son traitement préservatif, pour être rationnel, doit se proposer le but d'éloigner les causes de la maladie. Nous avons démontré qu'il n'y a pas de causes disposantes ni de causes occasionnelles qui soient capables de produire la muscardine ; c'est donc uniquement à l'éloignement de cette cause spécifique qu'il faut s'attacher pour empêcher tout développement de la muscardine : faites que les vers à soie soient à l'abri des sporules botrytiques, et vous n'aurez plus de vers muscardinés.

Nous avons vu qu'il y a une source des sporules, les vers muscardinés, et les dépôts qui se sont formés sur les différents endroits et ustensiles de la magnanerie; tarir cette source, détruire ou neutraliser ces dépôts, voilà les deux buts que doit se proposer tout magnanier qui veut se débarrasser de la muscardine : ce sont, dans le langage des médecins, les deux indications du traitement.

Tarir la source des sporules, c'est la chose la plus simple et la plus facile du monde. Quand vous craignez l'apparition de la muscardine, répétez plus souvent vos visites aux claies et mettez de côté tous les vers malades, quelle que soit leur maladie; faites-en une espèce d'infirmerie qui sera surveillée plus attentivement. Otez aux vers la litière un peu plus fréquemment, et cherchez avec soin s'il y a des vers muscardinés; s'il y en a, brûlez les vers et les litières complétement, jusqu'à ce que tout soit réduit en cendre. C'est le moyen le plus sûr pour empêcher la multiplication et le renouvellement des dépôts, et c'est un moyen qui ne demande ni beaucoup de peine ni beaucoup d'adresse; il suffit d'allumer des charbons et d'y jeter par morceaux la litière et les vers afin que la combustion soit complète. C'est l'opération sur laquelle j'insiste le plus; car je suis convaincu qu'elle pourrait suffire à elle seule pour détruire, dans un certain nombre d'années, toute épidémie de muscardine. En effet, admettons que la source des sporules soit tarie, qu'il n'y a plus de renouvellement des dépôts, alors les cas de muscardine ne seront produits que par les sporules détachées des dépôts existants. Il n'est pas encore démontré que les sporules conservent indéfiniment leur puissance germinative; nous n'avons, à ce sujet, que les expériences de M. Bassi et de MM. Guérin-Méneville et Eugène Robert, qui la limitent à peu près à deux ans; mais supposons encore qu'elle dure cinq à six ans, dans cinq ou six ans la magnanerie serait désinfectée. Et, quand même on voudrait donner aux sporules la faculté de se conserver fécondes pendant un temps indéfini, il pourra se vérifier, chaque année, de nouveaux cas de muscardine; mais, chaque année, ils seront moins nombreux et deviendront sporadiques et isolés, et enfin, les dépôts de sporules une fois épuisés, la muscardine disparaîtra tout à fait de la magnanerie. Je crois donc qu'il n'y a pas de motifs pour renoncer au principe que j'ai posé ailleurs dans le traitement de la muscardine, savoir « qu'il faut soigneusement rechercher et complétement brûler les vers morts de muscardine, avant que le botrytis ait eu le temps de fructifier (1). »

La destruction des dépôts de sporules, cette deuxième indication, est le complément du traitement préservatif. Quand on est parvenu à empêcher toute nouvelle reproduction de sporules, il ne reste plus qu'à empêcher la germination de celles qui se trouvent disséminées par la magnanerie et ses ustensiles. Nous avons vu quelle était la ténacité de vie des sporules botrytiques, nous avons trouvé que toutes les substances solides, liquides ou gazeuses échouent dans la pratique, soit par la faiblesse d'action, soit par la difficulté d'application; nous avons conclu qu'il vaut mieux enchaîner une force qu'on ne peut détruire, en recouvrant d'une croûte quelconque ces dépôts de sporules, afin que toute germination leur soit impossible. Aussi, pour compléter la désinfection de la magnanerie, je conseille trois opérations : laver à la lessive bouillante tous les filets, les toiles, les cordes, etc.; blanchir l'atelier de façon à fermer tous les trous et toutes les fentes, et à porter sur les parois, le plafond et le pavé une croûte de chaux; peindre à l'huile tous les ustensiles et tout le bois de l'atelier. Je préfère la chaux et la peinture à l'huile à la fumée de bois, parce que c'est un moyen qu'on peut régler à volonté et avec lequel on peut produire dans un jour un effet qui demanderait bien des mois par les fumigations.

_____

(1) Della coltivazione del gelso e del governo del filugello. Torino, 1854, page 227.

Ainsi donc, empêcher toute nouvelle reproduction de sporules par l'incinération des vers muscardinés avant que le botrytis ait eu le temps de fructifier ; détruire ou emporter par la lessive bouillante les sporules qui peuvent adhérer sur les objets de fil ou de coton, et ensevelir toutes les autres sous une croûte de chaux ou de peinture à l'huile. Il n'y a plus de sporules dans la magnanerie qui puissent tomber sur les claies et développer l'épidémie de muscardine. Il ne reste plus qu'à se garantir des sporules qui peuvent être apportées du dehors. Il faut se mettre en garde contre toute communication avec d'autres magnaneries infectées. Il faut aussi se prémunir contre l'introduction de la maladie au moyen de la graine infectée : nous avons dit que c'est une voie très-difficile d'infection ; mais il n'y a pas de précautions inutiles. C'est par là que je termine ce travail avec deux préceptes de M. Robinet. « On se procurera des œufs provenant d'un atelier dans lequel la muscardine n'a pas sévi depuis longtemps, ou, mieux encore, d'un propriétaire qui n'aura jamais eu la maladie dans sa magnanerie. On évitera toute communication qui ne serait pas indispensable avec des ateliers ou des lieux dans lesquels la muscardine régnerait ou se serait montrée l'année précédente (1). »

---

(1) *Manuel de l'éducateur des vers à soie*. Paris, 1848, page 231.

EXPLICATION DES PLANCHES.

PLANCHE 1.

Fig. 1. Ver à soie malade : forme.

Fig. 2. Ver à soie malade : autre forme.

Fig. 3. Élément du sang.

        a, globules échinés.

        b, globules ronds.

        c, vésicules huileuses.

        d, lobules du corps gras.

        e, hématozoïdes de M. Guérin-Méneville.

        f, corpuscules très-petits, mais d'un mouvement moléculaire très-vif.

Fig. 4. Membrane de l'estomac d'un ver resté pendant quelques jours au milieu d'un foyer d'infection, et qui commençait à se montrer malade.

        a, cellules épithéliales.

        b, cellules épithéliales sans sporules.

        c, morceau de ramification trachéale.

Fig. 5. Filaments botrytiques sortant du dessous des cellules épithéliales de l'estomac de vers qui ne donnaient pas encore les premiers indices de muscardine.

Fig. 6. Filaments botrytiques obtenus des excréments de vers qui à peine se montraient malades, mais qui avaient vécu quelques jours au milieu de l'infection.

Fig. 7. Filaments longs et ramifiés observés sur la membrane interne de l'estomac, dans un ver malade, à la deuxième période de la muscardine ; ils sortaient du dessous d'une cellule épithéliale.

Fig. 8. Cristaux octaèdres de différentes grandeurs.

PLANCHE II.

Fig. 9. Tégument d'un ver muscardiné au commencement de la rougeur.

> *a*, poil.
> *b*, tégument.
> *c*, filaments rudimentaires.

Fig. 10. Tégument parfaitement rougi.

Fig. 11. Tégument du ver recouvert de l'efflorescence fraîche avant que la fructification soit commencée.

Fig. 12. Tégument recouvert du botrytis qui a déjà mûri ses sporules.

Fig. 13. Botrytis développé entre deux verres ; tous ses filaments sont horizontaux, ils sortent des limites d'une petite goutte d'eau.

Fig. 14. Botrytis développé à la surface libre d'un verre d'un petit amas de sporules. Rameaux horizontaux partant de la circonférence ; au milieu, on voit de l'ombre, faite par des rameaux élevés, qu'on distingue au microscope.

PLANCHE III.

Fig. 15. Ramifications terminales des rameaux sporifères.

Fig. 16. Rameau de botrytis dont les parois du tube se sont affaissées, et dont le tube semble se rétrécir sur les sporules.

Fig. 17. Rameaux sporifères de forme différente, au moment où les sporules sont déjà mûres, mais encore retenues dans le tube desséché ; c'est pourquoi elles conservent la forme des rameaux sporifères.

Fig. 18. Développement de filaments par la réunion de plusieurs sporules en ligne.

Fig. 19. Formes successives *a b c d e f g* que prend un filament botrytique, quand il se forme par l'agrégation de plusieurs sporules.

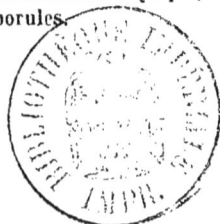

Pl. 1

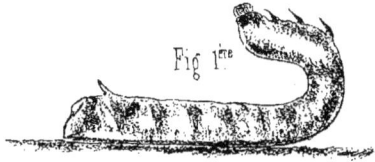

Fig 1ère

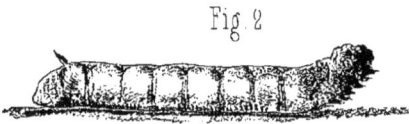

Fig 2

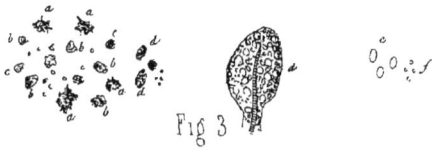

Fig 3

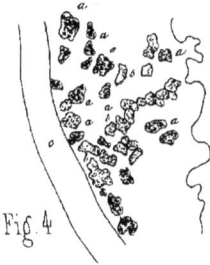

Fig 4

Fig 5

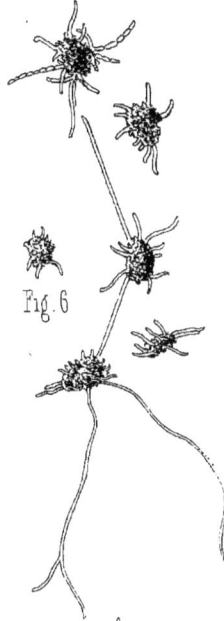

Fig. 6

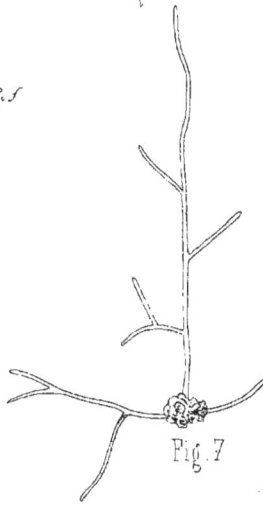

Fig. 7

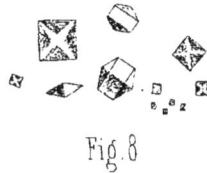

Fig. 8

Mémoires de la Société Imp.ale et Centrale d'Agriculture   Ch. Normand. Lith.

Imp. Geny Gros, Paris

Pl. ll

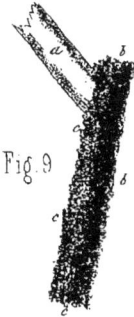

Fig. 9

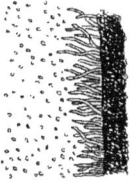

Fig. 10

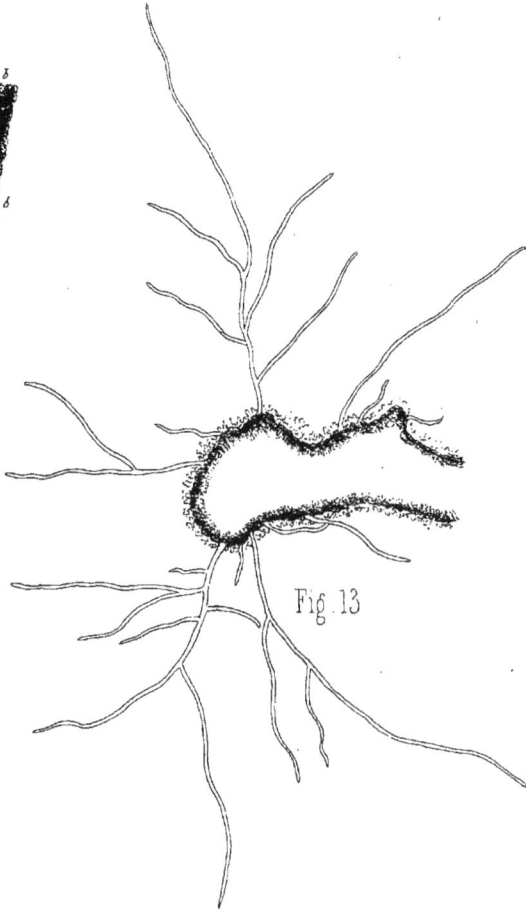

Fig. 13

Fig. 12

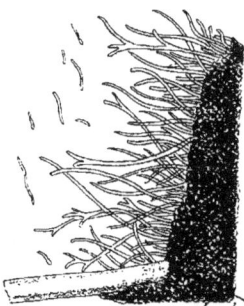

Fig. 11

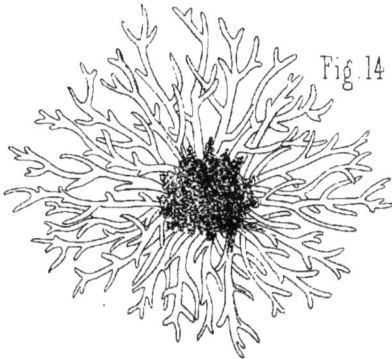

Fig. 14

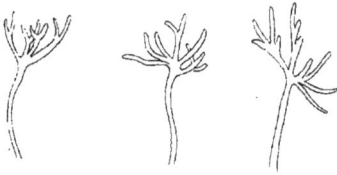

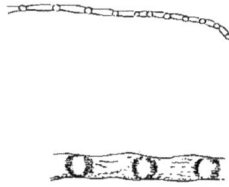

Fig . 15

Fig . 16

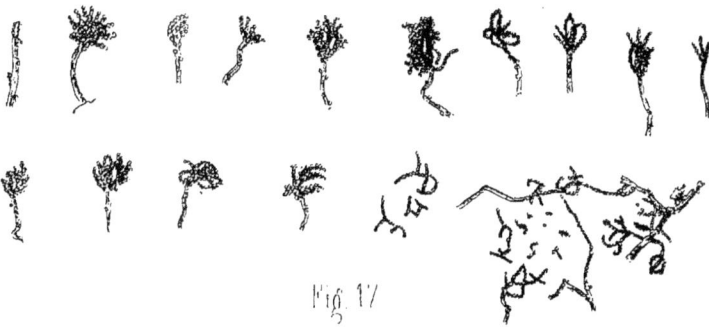

Fig . 17

Fig

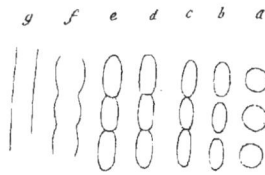

g   f   e   d   c   b   a

Fig. 19

Mémoires de la Société Imp^ale et Centrale d'Agriculture.   Ch. Normand lith.

Imp. Geny Gros, Paris

)

www.ingramcontent.com/pod-product-compliance
Lightning Source LLC
Chambersburg PA
CBHW070531200326
41519CB00013B/3009